Guido Grunwald / Jürgen Schwill

Toolbox Marketing

Praxiserprobte Werkzeuge für die gelungene Marketingarbeit

2019
Schäffer-Poeschel Verlag Stuttgart

Bibliografische Information der Deutschen Nationalbibliothek
Die Deutsche Nationalbibliothek verzeichnet diese Publikation
in der Deutschen Nationalbibliografie; detaillierte bibliografische
Daten sind im Internet über < http://dnb.d-nb.de > abrufbar.

Print: ISBN 978-3-7910-4344-9   Bestell-Nr. 10445-0001
ePDF: ISBN 978-3-7910-4345-6   Bestell-Nr. 10445-0150

Dieses Werk einschließlich aller seiner Teile ist urheberrechtlich
geschützt. Jede Verwertung außerhalb der engen Grenzen
des Urheberrechtsgesetzes ist ohne Zustimmung des Verlages
unzulässig und strafbar. Das gilt insbesondere für Vervielfältigungen, Übersetzungen, Mikroverfilmungen und die
Einspeicherung und Verarbeitung in elektronischen Systemen.

© 2019 Schäffer-Poeschel
Verlag für Wirtschaft · Steuern · Recht GmbH
www.schaeffer-poeschel.de
service@schaeffer-poeschel.de

Umschlagentwurf: Goldener Westen, Berlin
Umschlaggestaltung: Kienle gestaltet, Stuttgart
Bildnachweis (Cover): Stoatphoto, Shutterstock
Lektorat: Elke Schindler, Spabrücken
Satz: Claudia Wild, Konstanz

Januar 2019

Schäffer-Poeschel Verlag Stuttgart
Ein Unternehmen der Haufe Group

SCHÄFFER
POESCHEL

Ihr Online-Material zum Buch

Für den praktischen Einsatz finden Sie als kostenloses Zusatzmaterial im Online-Bereich ein umfangreiches »Servicepaket« mit
- allen Abbildungen und
- allen Tabellen sowie
- sämtlichen Checklisten aus dem Buch.

So funktioniert Ihr Zugang

1. Gehen Sie auf das Portal sp-mybook.de und geben den Buchcode ein, um auf die Internetseite zum Buch zu gelangen.
2. Wählen Sie im Online-Bereich das gewünschte Material aus.
3. Oder scannen Sie den QR-Code mit Ihrem Smartphone oder Tablet, um direkt auf die myBook-Seite zu gelangen.

SP myBook:
www.sp-mybook.de
Buchcode: 4344-tbma

Vorwort

Mit der »Toolbox Marketing« erhalten Praktiker und Studierende einen Überblick über praxisrelevante Werkzeuge (Tools) zur Planung, Umsetzung, Steuerung und Kontrolle relevanter Entscheidungen im Marketing. Die Toolbox stellt Methoden, Techniken, Instrumente, Checklisten und Fragenkataloge zur Verfügung, die für die Entscheidungsfindung eingesetzt werden können – alles in kompakt-strukturierter Form präsentiert und an Beispielen erläutert.

Im Buch wird von einem modernen Marketingverständnis – dem Beziehungsmarketingansatz – ausgegangen. Bei diesem ganzheitlichen und auf Beziehungspartner ausgerichteten Ansatz werden die Bedürfnisse, Wünsche und Erwartungen sowohl der externen wie auch der internen Anspruchsgruppen (Stakeholder) berücksichtigt.

Aufbauend auf den Entscheidungen zur Auswahl der Marketingstrategie bilden die taktisch-operativen Entscheidungsbereiche des Marketingmix den Schwerpunkt. Die zentralen Marketinginstrumente der Produkt-/Programm-, Preis-, Distributions- und Kommunikationspolitik werden dabei abgedeckt. Zudem werden Ansätze vorgestellt, die eine Messung der Erfolgswirksamkeit der durchgeführten Marketingmaßnahmen ermöglichen. Zu den relevanten Entscheidungsbereichen werden jeweils der Grundgedanke, die wichtigsten Tools, eine kritische Reflexion sowie Perspektiven für die Weiterentwicklung der Ansätze vermittelt.

Zwar lassen sich die dargestellten Tools isoliert zur Bearbeitung spezifischer Fragestellungen im Marketing anwenden. Eine fundierte Entscheidungsgrundlage kann jedoch erst durch die kombinierte Anwendung mehrerer Tools erarbeitet werden. Hierzu gibt das Buch eine Vielzahl an Anregungen insbesondere für Praktiker aus Unternehmen, Organisationen und Institutionen, die mit Marketingaufgaben konfrontiert werden und Marketingentscheidungen kompetent treffen wollen.

Ausdrücklich danken möchten wir Herrn Dr. Frank Baumgärtner, Frau Claudia Dreiseitel und Frau Elke Schindler vom Schäffer-Poeschel Verlag für die stets engagierte Begleitung und insgesamt konstruktive Zusammenarbeit.

Lingen/Ems und Brandenburg an der Havel, im Juli 2018

Guido Grunwald und Jürgen Schwill

Inhaltsverzeichnis

Vorwort VII

1 Begriffliche und thematische Grundlegung .. 1
   1.1   Entwicklung des Marketings und Charakterisierung des modernen beziehungsorientierten Marketing-ansatzes 1
   1.2   Kundenorientierung als Basisbaustein eines erfolgreichen Marketings 8
   1.3   Managementprozess des Marketings ... 16

2 Tools zur Situationsanalyse 19
   2.1   Umweltanalyse 19
   2.2   Marktanalyse 23
   2.3   Unternehmensanalyse 35

3 Marketingstrategisches Toolraster 41
   3.1   Marketingziele als Ausgangspunkt der Marketingstrategien 41
   3.2   Marketingstrategische Optionen 44
   3.2.1 Positionierungsstrategien 44
   3.2.2 Marktfeldstrategien 50
   3.2.3 Marktstimulierungsstrategien 52
   3.2.4 Marktsegmentierungsstrategien 56
   3.2.5 Marktarealstrategien 63

4 Tools zur Entscheidungsunterstützung beim Einsatz einzelner Marketinginstrumente 79
   4.1   Produkt- und Programmpolitik 79
   4.1.1 Überblick über die Gestaltungs-alternativen 79
   4.1.2 Gestaltung der sachlichen Dimension .. 79
   4.1.3 Gestaltung der zeitlichen Dimension 87
   4.1.4 Gestaltung der programmbezogenen Dimension 101
   4.2   Preispolitik 107
   4.2.1 Überblick über die Gestaltungs-alternativen 107
   4.2.2 Kostenorientierte Preisfestlegung 108
   4.2.3 Marktorientierte Preisfestlegung 111
   4.3   Distributionspolitik 119
   4.3.1 Überblick über die Gestaltungs-alternativen 119
   4.3.2 Gestaltung des Absatzkanalsystems ... 121

4.3.3	Gestaltung der Absatzlogistik	139
4.4	Kommunikationspolitik	146
4.4.1	Überblick über die Gestaltungsalternativen	146
4.4.2	Gestaltung der Kommunikationsplanung	149
4.4.3	Gestaltung der Kommunikationsinstrumente	160

5 Tools zur Entscheidungsunterstützung beim simultanen Einsatz der Marketinginstrumente (Marketingmix) 177

6 Tools zur Messung der Marketing-Performance 185

Stichwortverzeichnis 213
Autoren 215

1 Begriffliche und thematische Grundlegung

1.1 Entwicklung des Marketings und Charakterisierung des modernen beziehungsorientierten Marketingansatzes

Grundgedanke

Der Begriff »Marketing« ist ein Kunstwort aus »to go into the market« (englisch für »in den Markt hineingehen«) und bezeichnet das Bestreben von Unternehmen, mithilfe von Marketingaktivitäten neue Märkte zu bilden und/oder bestehende Märkte zu gestalten bzw. zu beeinflussen.

Märkte – verstanden als Ort des Zusammentreffens von Angebot und Nachfrage – haben sich jedoch im Laufe der Zeit grundlegend geändert (vgl. hierzu Kreutzer 2013, S. 3 f.). So war es für anbietende Unternehmen (Hersteller oder Händler), wie es beispielsweise in der Nachkriegszeit in Deutschland der Fall war, kein Problem, Produkte abzusetzen. Engpässe bestanden vorwiegend in der Rohstoffbeschaffung und in der Produktion. Unternehmen befanden sich hier in der dominanten Marktposition. Die Kunden waren eher »ausgehungert«; Produkte wurden den Anbietern quasi »aus den Händen gerissen«, der Absatz passierte »von selbst«. Bei einer derartigen Situation des Nachfrageüberhangs wird auch von einem **Verkäufermarkt** gesprochen.

Heutzutage dagegen herrscht auf vielen Märkten ein Angebotsüberhang vor. Nicht alle Güter, die im Zuge der Massenproduktion hergestellt werden, können auf zunehmend gesättigten Märkten abgesetzt werden. Die Käufer haben die dominierende Marktposition und können entscheiden, welche Produkte sie aus der Vielzahl an Angeboten nachfragen. Es liegt ein **Käufermarkt** vor. Der zentrale Engpass der unternehmerischen Aktivität liegt nunmehr im Absatz bzw. beim Kunden. Diese Situation kennzeichnet die »Geburtsstunde« des Marketings.

Tabelle 1 fasst die charakteristischen Merkmale von Verkäufer- und Käufermärkten zusammen.

Im Zuge der Veränderung von Märkten hat sich zwangsläufig auch ein unterschiedliches Marketingverständnis ergeben (vgl. hierzu Homburg 2017, S. 6 ff.), wie es in Abbildung 1 illustriert wird.

Merkmale	Verkäufermarkt	Käufermarkt
Stadium der wirtschaftlichen Entwicklung	Mangel-/Knappheitswirtschaft	Überfluss-/Wohlstandsgesellschaft
Verhältnis von Angebot zu Nachfrage	Nachfrage > Angebot (Nachfrageüberhang)	Nachfrage < Angebot (Angebotsüberhang)
Engpassbereiche des Unternehmens	Beschaffung, Produktion	Absatz, Kunde
zentrale Aufgabe des Unternehmens	Vergrößerung der Beschaffungs- und Produktionskapazitäten	Schaffung und Erhaltung von Nachfragepräferenzen

Tab. 1: Kennzeichnung von Verkäufer- und Käufermärkten (Quelle: vgl. Kreutzer 2013, S. 4)

Während zu Beginn des 20. Jahrhunderts der Verkauf von Produkten im Mittelpunkt absatzwirtschaftlicher Bemühungen stand, zählten zu Beginn der 1920er-Jahre auch Maßnahmen der Werbung dazu. Erst nach der Weltwirtschaftskrise und dem zweiten Weltkrieg erhielt das Marketing in den 1950er- und 1960er-Jahren neue Impulse durch die Entwicklung des Marketingmix und die Klassifizierung der Marketingaktivitäten in Marketinginstrumente – die sogenannten vier P's (vgl. McCarthy 1960):

- Product: Produktpolitik
- Price: Preispolitik
- Place: Distributions- oder Vertriebspolitik
- Promotion: Kommunikationspolitik

Dieses instrumentale Verständnis des Marketings ist bis heute dominant. Allerdings hat sich zunehmend die Erkenntnis durchgesetzt, dass der Unternehmenserfolg nicht nur von der Ausgestaltung der Marketinginstrumente abhängt, sondern es auch darauf ankommt, dass unternehmensintern geeignete Rahmenbedingungen vorliegen (z. B. Marketingzuständigkeiten bzw. -verantwortlichkeiten, qualifiziertes Kundenkontaktpersonal). Damit gewannen die Aspekte der Marketingimplementierung zunehmend an Bedeutung.

Mit der dynamischen Entwicklung von Märkten und der steigenden Wettbewerbsintensität, hervorgerufen durch die zunehmende Internationalisierung und Digita-

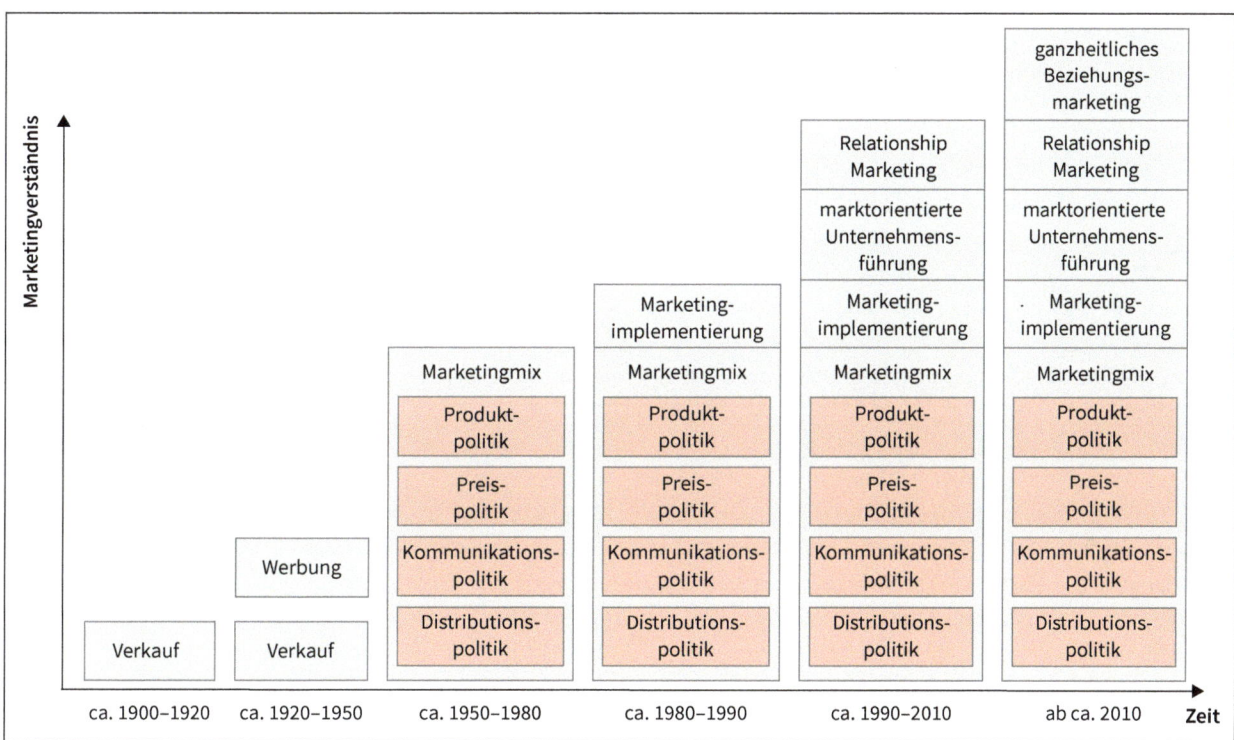

Quelle: vgl. Homburg 2017, S. 7

Abb. 1: Entwicklung des Verständnisses des Marketingbegriffs im Zeitablauf

lisierung, stiegen auch die Anforderungen an Unternehmen, sich am Markt erfolgreich zu behaupten. Infolgedessen bildete sich frühzeitig das Verständnis des Marketings als marktorientierte Unternehmensführung heraus (vgl. Meffert 1980, Hansen/Stauss 1983). Diese Sichtweise erfuhr jedoch erst in den 1990er-Jahren eine stärkere Akzeptanz. Parallel zum Anspruch, das gesamte Unternehmen auf das »Denken vom Markt her« auszurichten, rückte die Kundenbeziehung verstärkt in den Marketingfokus. Getragen wird diese Perspektive von dem Verständnis, dass Unternehmen letztlich nur dann erfolgreich sein können, wenn sie die Bedürfnisse, Wünsche und Erwartungen der Kunden berücksichtigen und durch kundenadäquate Angebote Nachfrager gewinnen und langfristig halten können. Dieses Relationship Marketing, das vorwiegend auf Kundenbeziehungen abstellt (vgl. z. B. Berry 1983; Bruhn 2016), wird jedoch zunehmend von dem Bewusstsein abgelöst, nicht nur die Kunden, sondern weitere Anspruchsgruppen (Stakeholder) als Beziehungspartner des Marketings zu definieren. Auch andere Anspruchsgruppen und ihr Verhalten entscheiden über den Erfolg des Unternehmens (vgl. hierzu Grunwald/Schwill 2017a, S. 46 f.). So tragen beispielsweise Mitarbeiter als interne Stakeholder durch ihre Qualifikation, ihr Engagement oder ihr Verhalten maßgeblich dazu bei, wie externe Stakeholder (etwa Kunden oder die Öffentlichkeit) das Unternehmen wahrnehmen; durch ihre Aktivitäten wird die Zufriedenheit der Kunden direkt beeinflusst.

Ein modernes Marketing verlangt insofern eine ganzheitliche Orientierung, bei der die Bedürfnisse, Wünsche und Erwartungen sowohl der externen wie auch der internen Anspruchsgruppen berücksichtigt werden. Demzufolge wird eine inhaltlich weit gefasste und auf Beziehungspartner fokussierte Marketingdefinition vertreten:

»*Beziehungsmarketing* umfasst sämtliche Maßnahmen der Analyse, Planung, Realisierung und Kontrolle der Beziehungen von Unternehmen zu ihren internen und externen Anspruchsgruppen mit dem Ziel, gegenseitigen und nachhaltigen Nutzen zu generieren durch Initiierung, Stabilisierung, Intensivierung und Wiederaufnahme sowie gegebenenfalls Beendigung von Geschäftsbeziehungen« (Grunwald/Schwill 2017a, S. 21). Abbildung 2 stellt mögliche Marketingausrichtungen im Kontext des ganzheitlichen Beziehungsmarketings grafisch dar.

Die Toolbox konzentriert sich im Folgenden auf das (klassische) Kundenbeziehungsmarketing, das sämtliche Maßnahmen der Analyse, Planung, Realisierung und Kontrolle der Beziehungen von Unternehmen zu ihren Kunden umfasst. Dabei soll das Ziel verfolgt werden, gegenseitigen und nachhaltigen Nutzen zu schaffen, indem

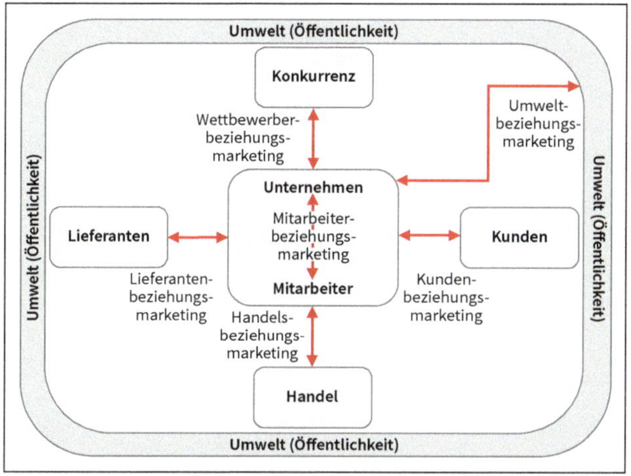

Quelle: Grunwald/Schwill 2017a, S. 86

Abb. 2: Ausgewählte Bezugsgruppen des Beziehungsmarketings

Geschäftsbeziehungen zu Kunden initiiert, stabilisiert und intensiviert sowie gegebenenfalls wieder aufgenommen oder auch beendet werden (vgl. Grunwald/Schwill 2017a, S. 177).

Das **Kundenbeziehungsmarketing** (im Folgenden wird nur der Begriff Marketing genutzt) zeichnet sich durch folgende Merkmale aus, wie sie in Tabelle 2 aufgeführt und kurz beschrieben werden. Jedes Unternehmen kann nun bewerten, inwiefern diese Merkmale im Rahmen seiner Marketingpraxis im Wesentlichen zutreffen oder nicht oder ob zurzeit keine Einschätzung möglich ist.

Kritische Reflexion

Der beziehungsorientierte Marketingansatz stößt dann an seine Grenzen, wenn seitens der Stakeholder individuelle Wünsche und Interessen artikuliert und unterschiedliche Anforderungen an die Unternehmen gestellt werden. Selbst bei nur wenigen zu berücksichtigenden Stakeholder-Anforderungen, wie beispielsweise im Falle von Arbeitszeiten der Mitarbeiter einerseits und Forderungen der Kunden nach längeren Öffnungszeiten andererseits, können erhöhte Planungs- und Umsetzungsschwierigkeiten von Unternehmenszielen entstehen. Wenn Unternehmen zudem noch gesamtgesellschaftliche oder ökologische Ansprüche berücksichtigen wollen, sind sie gezwungen, Maßnahmen auch auf Kosten von Einzelinteressen zu ergreifen, um den nachhaltigen wirtschaftlichen Gesamterfolg des Unternehmens nicht zu gefährden.

Perspektiven

Unter Berücksichtigung des beziehungsorientierten Marketingansatzes ergibt sich ein umfangreiches Spektrum

Merkmale	Beschreibung	Bewertung
Zeit-/Raumorientierung	Die Beziehungen des Unternehmens zum Kunden sind im Wesentlichen langfristig ausgerichtet. Das Marketing konzentriert sich auf die Gestaltung langfristiger Geschäftsbeziehungen mit dem Kunden.	☐ trifft zu ☐ trifft nicht zu ☐ momentan nicht einzuschätzen
Interaktionsorientierung	Das Objekt des Marketings ist weniger das Produkt oder die Dienstleistung; es wird vielmehr auf die Gestaltung der Kundenbeziehung Wert gelegt.	☐ trifft zu ☐ trifft nicht zu ☐ momentan nicht einzuschätzen
Prozessorientierung	Jede einzelne Kontaktsituation mit dem Kunden wird so gestaltet, dass der Kunde an der Fortsetzung der Beziehung interessiert ist.	☐ trifft zu ☐ trifft nicht zu ☐ momentan nicht einzuschätzen
Dialogorientierung	Das Marketing zeichnet sich dadurch aus, dass ein regelmäßiger Kundendialog geführt wird (z. B. durch regelmäßige Kundenzufriedenheitsbefragungen).	☐ trifft zu ☐ trifft nicht zu ☐ momentan nicht einzuschätzen
Partnerorientierung/ Individualisierung	Das Marketing versucht, im Rahmen des Kundendialogs Anhaltspunkte zu gewinnen, um Produkte und Leistungen kundenindividuell ausgestalten zu können.	☐ trifft zu ☐ trifft nicht zu ☐ momentan nicht einzuschätzen
Werteorientierung/ Nachhaltigkeitsprinzip	Durch die Orientierung an für Kunden wichtigen Werten (z. B. Qualität, Vertrauen, Zuverlässigkeit, ökologische Verträglichkeit) versucht das Marketing, nachhaltige Kundenbeziehungen zu erreichen.	☐ trifft zu ☐ trifft nicht zu ☐ momentan nicht einzuschätzen
Nutzenorientierung	Marketingmaßnahmen werden als Investition in die Intensivierung von Kundenbeziehungen aufgefasst. Investitionen in eine Geschäftsbeziehung lohnen sich jedoch nur dann, wenn die Erlöse die Kosten (z. B. für Werbung oder Außendiensttätigkeit) übersteigen.	☐ trifft zu ☐ trifft nicht zu ☐ momentan nicht einzuschätzen

Merkmale	Beschreibung	Bewertung
multilaterale Orientierung	Die an Kunden gerichteten Marketingmaßnahmen werden stets auch intern ausgerichtet; Kundenbeziehungsmarketing setzt Mitarbeiterbeziehungsmarketing voraus.	☐ trifft zu ☐ trifft nicht zu ☐ momentan nicht einzuschätzen
ganzheitliche Orientierung	Ganzheitlichkeit bezieht sich zum einen auf die verschiedenen Funktionsbereiche des Unternehmens (wie Produktmanagement, Produktion, Logistik, Controlling, Personalwesen etc.), die an der Gestaltung von Kundenbeziehungen teilhaben. Zum anderen werden die Bedürfnisse, Wünsche und Erwartungen der verschiedenen externen und internen Anspruchsgruppen berücksichtigt.	☐ trifft zu ☐ trifft nicht zu ☐ momentan nicht einzuschätzen

Tab. 2: Merkmale des modernen Marketings (Quelle: vgl. Grunwald/Schwill 2017a, S. 19 ff.)

an Bezugsgruppen, die für das Marketing relevant sind bzw. perspektivisch an Bedeutung gewinnen können. Da zumindest großen Unternehmen eine Vielzahl an Beziehungen zu unterschiedlichsten Individuen, Gruppen, Institutionen oder Organisationen unterstellt werden kann, ist eine Stakeholder-Analyse notwendig, um neben den Kunden als zentrale Zielgruppe weitere relevante Anspruchsgruppen identifizieren, beschreiben und bewerten zu können (siehe hierzu Grunwald/Schwill 2017a, S. 71 ff. sowie Grunwald/Hempelmann 2017, S. 274 ff.). Im Rahmen der Bewertung ist vor allem auch eine Analyse der Wichtigkeit einzelner Stakeholder vorzunehmen, um den Marketingerfolg zu optimieren. Grundsätzlich sollte der Anspruch des Marketings darin bestehen, neben Kunden und Mitarbeitern weitere wichtige Stakeholder, wie die Öffentlichkeit oder einzelne Institutionen (wie etwa

Verbraucherschutzverbände oder Umweltschutzorganisationen), frühzeitig in unternehmerische Entscheidungsfindungsprozesse einzubinden.

1.2 Kundenorientierung als Basisbaustein eines erfolgreichen Marketings

Definition Kundenorientierung

Zur erfolgreichen Gestaltung der Beziehungsebene Unternehmen – Kunden ist eine konsequente Kundenorientierung unabdingbare Voraussetzung. Kundenorientierung wird definiert als »umfassende, kontinuierliche Ermittlung und Analyse der individuellen Kundenerwartungen sowie deren interne und externe Umsetzung in unternehmerische Leistungen sowie Interaktionen im Rahmen eines Relationship-Marketing-Konzeptes mit dem Ziel, langfristig stabile und ökonomisch vorteilhafte Kundenbeziehungen zu etablieren« (Bruhn 2012a, S. 15). Vereinfacht ausgedrückt, heißt das für Unternehmen, sich andauernd in die Rolle des Kunden zu versetzen und »mit den Augen des Kunden sehen, mit den Ohren des Kunden hören, mit der Nase des Kunden riechen, mit der Zunge des Kunden schmecken und mit der Hand des Kunden fühlen« (Schwill 2009a, S. 24).

Erfolgskette der Kundenorientierung

Die Notwendigkeit, Unternehmen grundsätzlich kundenorientiert zu gestalten, ergibt sich durch die Erfolgskette der Kundenorientierung, wie sie in Abbildung 3 dargestellt wird.

Je nach Ausprägung einzelner unternehmensinterner und -externer Faktoren führt die Kundenorientierung über die Kundenzufriedenheit und die Kundenbindung zum ökonomischen Erfolg. Dies belegen auch zahlreiche Studien, dass kundenorientierte Unternehmen erfolgreicher sind (höhere Kundenbindung, bessere Rendite) als Unternehmen mit anderen Ausrichtungen (vgl. Diller et al. 2005, S. 81).

Praxischeck Kundenorientierung

In der Praxis ist Kundenorientierung im Wesentlichen auf zwei Ebenen ausgerichtet (vgl. Schwill 2009a, S. 27 f.; Johne 2005, S. 10 f.):

- Informationsebene
  Kundenorientierung liegt dann vor, wenn im Unternehmen umfassende Informationen über die vorhandenen Kunden vorliegen. Die Fragestellungen in Ta-

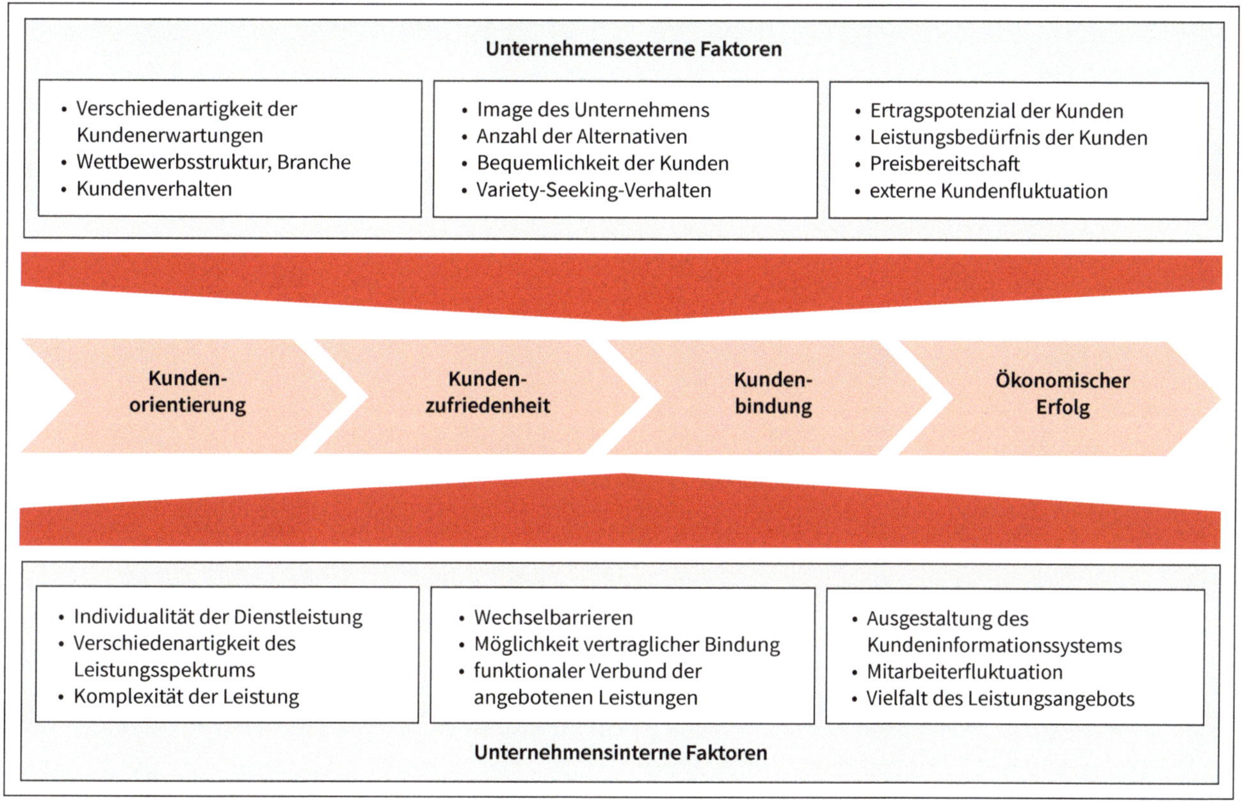

Unternehmensexterne Faktoren

- Verschiedenartigkeit der Kundenerwartungen
- Wettbewerbsstruktur, Branche
- Kundenverhalten

- Image des Unternehmens
- Anzahl der Alternativen
- Bequemlichkeit der Kunden
- Variety-Seeking-Verhalten

- Ertragspotenzial der Kunden
- Leistungsbedürfnis der Kunden
- Preisbereitschaft
- externe Kundenfluktuation

Kundenorientierung › **Kundenzufriedenheit** › **Kundenbindung** › **Ökonomischer Erfolg**

- Individualität der Dienstleistung
- Verschiedenartigkeit des Leistungsspektrums
- Komplexität der Leistung

- Wechselbarrieren
- Möglichkeit vertraglicher Bindung
- funktionaler Verbund der angebotenen Leistungen

- Ausgestaltung des Kundeninformationssystems
- Mitarbeiterfluktuation
- Vielfalt des Leistungsangebots

Unternehmensinterne Faktoren

Quelle: Grunwald/Schwill 2017a, S. 180; Bruhn 2016, S. 13

Abb. 3: Erfolgskette der Kundenorientierung

Fragestellungen	Unternehmensindividuelle Antworten
Was wissen wir über unsere Kunden?	
Welche Informationen werden erfasst?	
Gibt es eine Kundendatenbank, die alle kundenrelevanten Informationen sammelt und aufbereitet?	
Gibt es eine Kundendatenbank, auf die alle Mitarbeiter Zugriff haben oder sind die Informationen eher unzugänglich aufbereitet in Ordnern hinterlegt?	
Wie können die aus den Kundeninformationen gewonnenen Erkenntnisse in Produkt- und Dienstleistungslösungen umgesetzt werden? Wie funktioniert dabei die Zusammenarbeit zwischen Marketing, Produktion und Vertrieb?	

Tab. 3: Checkliste zur Überprüfung der Kundenorientierung auf der Informationsebene (Quelle: vgl. Schwill 2009a, S. 27)

belle 3 verschaffen einen ersten Überblick darüber, wie die Kundenorientierung auf dieser Ebene im Unternehmen ausgestaltet ist.

- Kundenebene
Kundenorientierung aus Sicht der Kunden zeigt sich vor allem in der Realisierung der Produkt- und Servicequalität und in dem Verhalten der Mitarbeiter im direkten Kundenkontakt. Gemäß Tabelle 4 kann anhand der Fragestellungen die Kundenorientierung auf der Kundenebene überprüft werden.

Anhand der Checklisten bzw. Fragestellungen wird bereits deutlich, dass eine nach außen gerichtete (externe) Kundenorientierung (»Außenpolitik«) nur dann erfolgreich sein kann, wenn auch eine nach innen gerichtete (interne) Kundenorientierung (»Innenpolitik«) existiert. Dieser Zusammenhang wird durch die Abbildung 4 illustriert.

Insofern bietet es sich auch an, die interne Kundenorientierung (Mitarbeiterorientierung) im Unternehmen zu überprüfen. Unter Berücksichtigung der in Tabelle 5 dar-

Fragestellungen	Unternehmensindividuelle Antworten
Wie schätzt der Kunde die Qualität unserer Produkte ein?	
Wie schätzt der Kunde die Qualität unserer Serviceleistungen ein?	
Sind wir flexibel bei der Leistungserbringung?	
Ist unser Verkaufspersonal qualifiziert genug (vor allem hinsichtlich seiner Fach- und Sozialkompetenz)?	
Wie flexibel, zuverlässig und freundlich sind unsere Mitarbeiter, wenn es um Beratung, Verkauf oder die Bearbeitung von Beschwerden geht?	
Wie ist das Verhalten der Mitarbeiter, die normalerweise keinen oder nur seltenen Kundenkontakt haben, gegenüber Kunden?	

Tab. 4: Checkliste zur Überprüfung der Kundenorientierung auf der Kundenebene (Quelle: vgl. Schwill 2009a, S. 28)

gestellten Checkliste kann im Unternehmen diese »Innenpolitik« erfasst werden.

Praktische Beispiele hoher oder niedriger Kundenorientierung zeigt Tabelle 6.

Zusammenfassend kann ein Unternehmen, welches von einer konsequenten Kundenorientierung noch weit entfernt ist, die »Zehn Gebote der Kundenorientierung« (vgl. Seite 15) berücksichtigen. Sie können als Eckpfeiler einer erfolgreichen Umsetzung dienen – und vorab als Tool genutzt werden, um die Kundenorientierung im Unternehmen zu überprüfen.

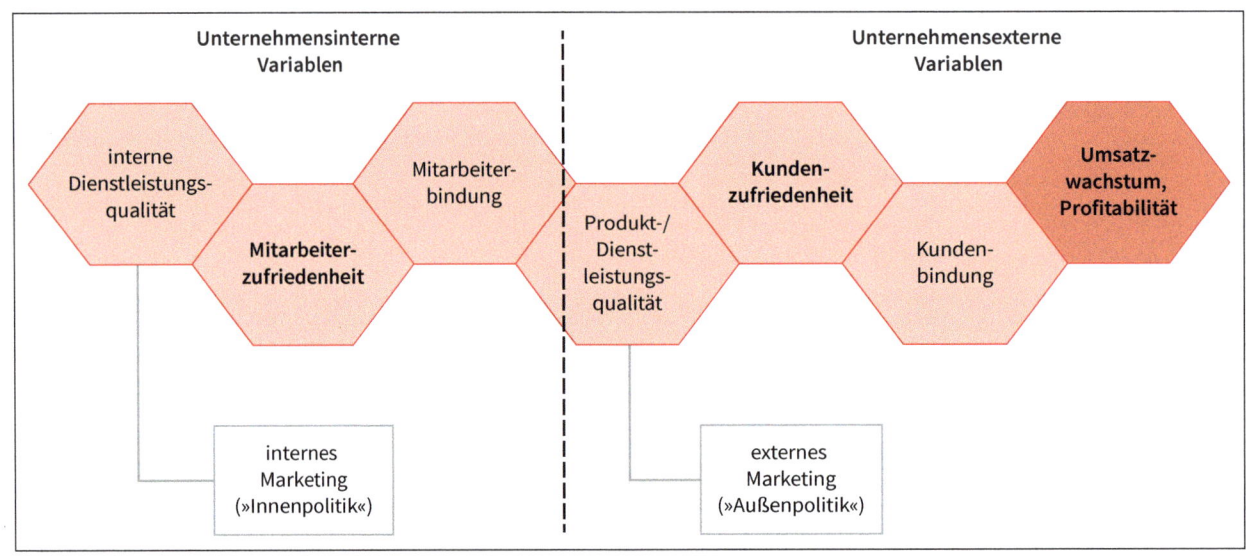

Quelle: Grunwald/Schwill 2017a, S. 88

Abb. 4: Zusammenhang zwischen unternehmensinternen und unternehmensexternen Variablen und Unternehmenserfolg

Fragestellungen	Mitarbeiterspezifische Antworten
Wie bewerten Sie die Zusammenarbeit mit Ihren Kollegen? Was läuft gut, was läuft schlecht?	
Nennen Sie ein konkretes Beispiel der letzten sechs bis zwölf Monate: Welches war eine besonders gute, welches eine besonders schlechte Erfahrung?	
Welche Leistungen Ihrer Kollegen oder Ihres/Ihrer Vorgesetzten vermissen Sie?	
Auf welche Leistungen könnten Sie auch verzichten?	
Wie erleben Sie den Umgang mit Ihren Beschwerden?	
Wie empfinden Sie die Kommunikation zwischen Ihnen und Ihrem/Ihren Vorgesetzten?	
Wie empfinden Sie die Kommunikation zwischen Ihnen und Ihren Kollegen?	

Tab. 5: Checkliste zur Überprüfung der internen Kundenorientierung (Quelle: vgl. Schwill 2009a, S. 32)

Artefakt-kategorie	Ausprägung	
	hohe Kundenorientierung	niedrige Kundenorientierung
Erzählungen	In einem Maschinenbauunternehmen kursieren Erzählungen über ein Vorstandsmitglied, das bei krankheitsbedingtem Ausfall vieler Servicetechniker am Wochenende selbst Ersatzteile zu Kunden gefahren hat.	In einem Finanzdienstleistungsunternehmen wird mit positiver Bewertung von Vertriebsmitarbeitern erzählt, die erfolgreich sind, indem sie den Kunden Produkte proaktiv verkaufen, die für das Unternehmen renditestark, aber für die Kunden nicht bedürfnisgerecht sind.
Sprache	In einem Software-Unternehmen gehört es zum allgemeinen Sprachgebrauch, bei internen Besprechungen die Frage zu stellen: »Wie würden unsere Kunden entscheiden?«	In einem Transportunternehmen ist es weit verbreitet, von Kunden als »Beförderungsfällen« zu sprechen.
Rituale	In einem Dienstleistungsunternehmen wird jeden Monat ein Mitarbeiter als »Customer Orientation Champion« ausgezeichnet.	In einem Dienstleistungsunternehmen werden viele Kundenschalter zur Hauptgeschäftszeit geschlossen, um den Mitarbeitern ein gemeinsames zweites Frühstück zu ermöglichen.
Arrangements	Die Anordnung und Gestaltung der Büroräume fördert die offene Kommunikation zwischen verschiedenen Abteilungen.	In einem Unternehmen ist die Beschwerdeabteilung an einem anderen regionalen Standort als die anderen Marketingabteilungen untergebracht.

Tab. 6: Beispiele für Artefakte zur Darstellung von hoher und niedriger Kundenorientierung (Quelle: Homburg 2017, S. 1295)

PRAXISTIPP

Die zehn Gebote der Kundenorientierung

1. Gebot
Pflegen Sie einen engen Kontakt mit Ihren Kunden, dies gilt nicht nur für Mitarbeiter mit Kundenkontakt, sondern auch für leitende Angestellte. Wichtig ist, in regelmäßigen Abständen ein Gespräch von Angesicht zu Angesicht mit den Kunden zu führen und den »Kontakt zur Basis« zu halten.

2. Gebot
Machen Sie sich mit den Bedürfnissen, Erwartungen und Wünschen Ihrer Kunden vertraut. Es sollte das Ziel Ihres gesamten Unternehmens sein, nicht nur die Wünsche Ihrer Kunden zu erfüllen, sondern ihre Erwartungen möglichst noch zu übertreffen.

3. Gebot
Überprüfen Sie regelmäßig die Zufriedenheit Ihrer Kunden mit Ihren Produkten und/oder Dienstleistungen. Ein ständiger Informationsfluss zwischen Ihnen und Ihren Kunden ist sehr wichtig – sei er positiv, neutral oder negativ. Fordern Sie Kunden auch auf, im Falle der Unzufriedenheit sich bei Ihnen zu beschweren, denn Beschwerden liefern Impulse für Verbesserungen – Beschwerden sind Chancen!

4. Gebot
Konzentrieren Sie sich auf alle Ihre Leistungen, mit denen Sie die Wertschöpfung für den Kunden erhöhen. Bieten Sie nicht einfach Produkte an, sondern kundenindividuellen Nutzen, z. B. im Hinblick auf Qualität, Kundenservice, Umweltfreundlichkeit, Wirtschaftlichkeit oder Sicherheit. Kunden wollen kein Produkt, sondern eine Problemlösung!

5. Gebot
Beziehen Sie Ihre Kunden in Ihre Entscheidungsfindung mit ein, indem Sie sie zu Workshops, Dialogforen, Kreativsitzungen oder zu themenmäßigen Diskussionsrunden einladen. Machen Sie Betroffene zu Beteiligten!

6. Gebot
Verlangen Sie von jeder Person innerhalb der Organisation, Ihre Kunden mindestens einen oder mehrere Tage im Jahr persönlich zu treffen und zu bedienen. Auch Mitarbeiter, die aufgrund ihres Aufgabenfeldes keinen direkten Kundenkontakt haben, sollten mal »Kundenluft schnuppern«.

7. Gebot
Passen Sie Ihre Geschäftsprozesse an die Bedürfnisse und Wahrnehmungen des Kunden an, und strukturieren Sie sie gegebenenfalls um. Gehen Sie von oben

nach unten vor, und beziehen Sie alle Funktionsbereiche Ihrer Organisation mit ein.

8. Gebot
Strukturieren Sie Ihre Organisation entsprechend dem Markt. Richten Sie die Organisation so aus, dass sie auf Ihre Märkte zugeschnitten ist.

9. Gebot
Entwickeln Sie eine Kundenrückgewinnungsstrategie (Customer Recovery Strategy = CRS) und wenden Sie sie an. Versuchen Sie, insbesondere die Gründe herauszufinden, warum Kunden die Beziehung beendet haben, und belohnen Sie Mitarbeiter für ihr CRS-Verhalten.

10. Gebot
Entwickeln Sie eine Mitarbeiterbeziehungsmarketingstrategie und wenden Sie sie an. Bedenken Sie, dass nur zufriedene Mitarbeiter die Basis für zufriedene Kunden sind!
(Quelle: vgl. Grunwald/Schwill 2017a, S. 194; Raab/Werner 2009, S. 22 f.)

1.3 Managementprozess des Marketings

Erfolgreiches Marketing erfordert das Durchlaufen eines Managementprozesses, der in mehrere Phasen unterteilt werden kann (vgl. Abbildung 5).

Der Managementprozess des Marketings beginnt mit der **Analysephase**, in der die Analyse der externen Umwelt (Umwelt- und Marktanalyse) und der internen Umwelt (Unternehmensanalyse) vorzunehmen ist. Die Ergebnisse dieser Situationsanalyse sind zum einen die Grundlage für die strategische Marketingplanung und zum anderen für die taktisch-operative Marketingplanung, die jeweils zur **Planungsphase** zu zählen sind. Im Rahmen der strategischen Marketingplanung sind die Marketingziele und die Marketingstrategien zu fixieren. Gegenstand der taktisch-operativen Marketingplanung ist die Ausgestaltung der marketingpolitischen Instrumente. Der Planungsphase schließt sich die **Durchführungsphase** an, in der die geplanten Marketingmaßnahmen zu realisieren sind. Weiterhin spielt in dieser Phase die Marketingimplementierung eine Rolle. Zu berücksichtigen ist hierbei vor allem die Schaffung von unternehmensinternen Voraussetzungen zur Umsetzung des Marketingmix. Im Mittelpunkt der **Kontrollphase** steht

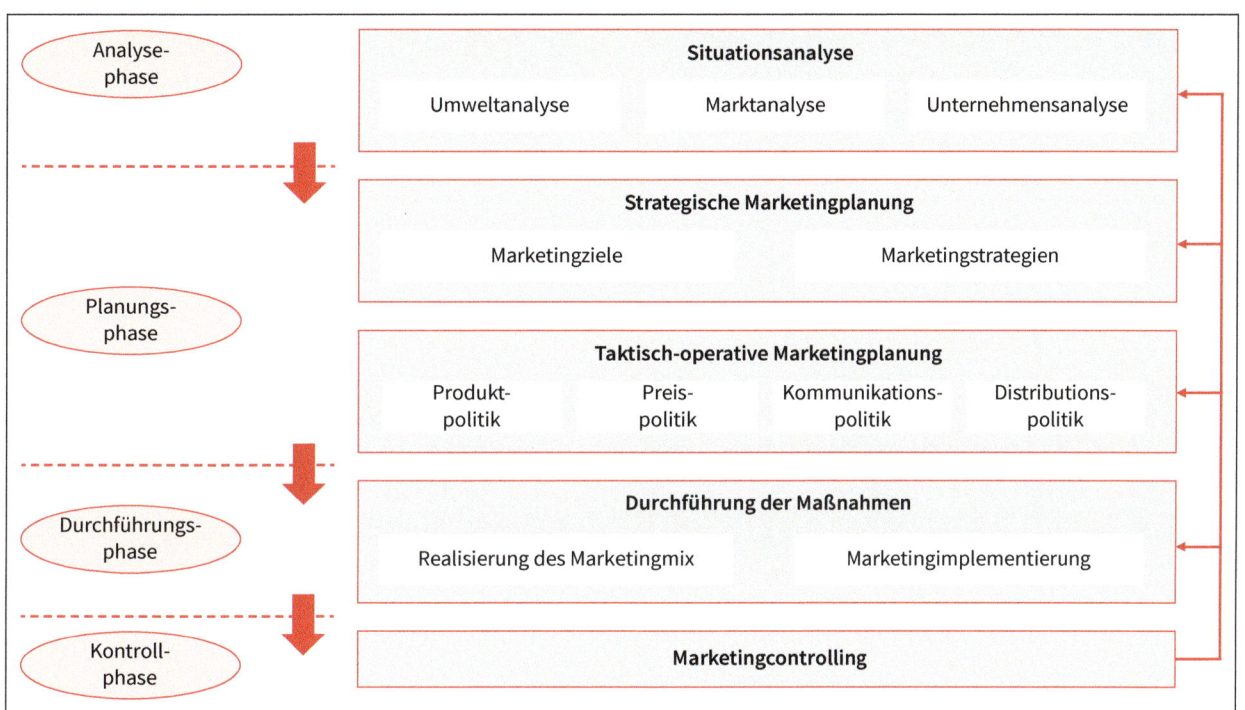

Quelle: vgl. Meffert et al. 2018, S. 131; Meffert et al. 2015, S. 20

Abb. 5: Managementprozess des Marketings

schließlich das Controlling der Zielerreichung der einzelnen Marketingaktivitäten. Diese Ergebnisse fließen im Rahmen eines revolvierenden Prozesses in die jeweiligen Vorphasen ein und können gegebenenfalls Anpassungsmaßnahmen auslösen.

2 Tools zur Situationsanalyse

2.1 Umweltanalyse

Grundgedanke

Im Rahmen der Umweltanalyse werden die externen, nicht oder nur langfristig beeinflussbaren gegenwärtigen und zukünftigen Einflussfaktoren auf den Erfolg des betrachteten Unternehmens im Marktumfeld identifiziert, abgeschätzt, bewertet, interpretiert und übergreifend als Chance bzw. Risiko eingeschätzt. Die Bewertung kann aus Anbietersicht, ergänzend aber auch aus Stakeholdersicht (z. B. von Kunden) erfolgen, um Herausforderungen und Bedürfnisse zu ermitteln.

Tools

Die typischen Ablaufschritte zur Durchführung einer Umweltanalyse sind in Abbildung 6 skizziert.

Im *ersten Schritt* gilt es, die potenziellen Umweltfaktoren aufzudecken, beispielsweise im Rahmen von **Experteninterviews** oder durch Brainstorming im Rahmen eines **Workshops**. Sind komplexere zukünftige Entwicklungen abzuschätzen, können mithilfe von Experten Zukunftsbilder in Form von **Szenarien** entwickelt werden. Hierbei handelt es sich um in sich stimmige zukünftige Situationen, die sich aus dem Zusammenspiel verschie-

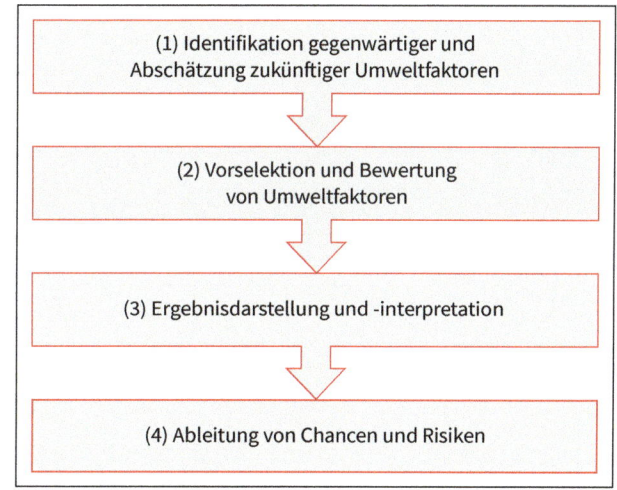

Quelle: eigene Darstellung

Abb. 6: Ablaufschritte einer Umweltanalyse

dener Einflussfaktoren ergeben (vgl. Gausemeier et al. 2007, S. 12). Die Identifikation von Einflussfaktoren und deren Systematisierung kann durch **Kriterienkataloge** unterstützt werden. So werden bei der **PESTEL-Analyse** politische (**p**olitical), wirtschaftliche (**e**conomical), gesellschaftliche (**s**ocial), technologische (**t**echnological), ökologische (**e**cological, environmental) und rechtliche Faktoren (**l**egal) unterschieden.

Nachdem entsprechende Umweltfaktoren identifiziert wurden, erfolgt im *zweiten Schritt* eine **Vorselektion** und quantitative **Bewertung** der verbleibenden, potenziell relevanten Faktoren. Hierzu können die folgenden Leitfragen genutzt werden (vgl. Grunwald/Hempelmann 2017, S. 98):

Fragen zur Bewertung von Umweltfaktoren

1. Wie sicher ist es, dass der betrachtete Faktor eintritt?
2. Wie relativ stark wirkt sich dieser Faktor im Vergleich zu den anderen betrachteten Einflussfaktoren auf die Branche und das eigene Unternehmen aus?
3. Welches absolute Ausmaß (Schadens- bzw. Gewinnhöhe) kommt dem Einflussfaktor voraussichtlich zu?

Die Fragen können von Experten jeweils auf einer einheitlichen Skala (z. B. von 1 = sehr gering bis 10 = sehr hoch)

beantwortet werden. Die Bewertung ist beispielhaft in Tabelle 7 dargestellt.

Umweltfaktor	Sicherheit des Eintretens	Relative Einflussstärke	Absolutes Ausmaß
P – politisch	2,0	4,0	500
E – wirtschaftlich	4,0	8,0	700
S – gesellschaftlich	3,0	3,0	300
T – technologisch	6,0	6,0	500
E – ökologisch	2,0	8,0	1.000
L – rechtlich	4,0	6,0	500

Tab. 7: Arbeitstabelle zur Bewertung von Umweltfaktoren (Quelle: vgl. Grunwald/Hempelmann 2017, S. 99)

Analog zur Bewertung der Faktoren aus Unternehmenssicht können die Faktoren auch aus der subjektiven Sicht von Stakeholdern, insbesondere von Kunden, beurteilt werden (vgl. Schallmo 2013, S. 125). Hieraus können (aktuelle und potenzielle) **Herausforderungen und Bedürfnisse** aus Kundensicht abgeleitet werden. Wird beispielsweise der rechtliche Faktor im Sinne einer Verschärfung von Umweltschutzauflagen als relevant eingeschätzt, so

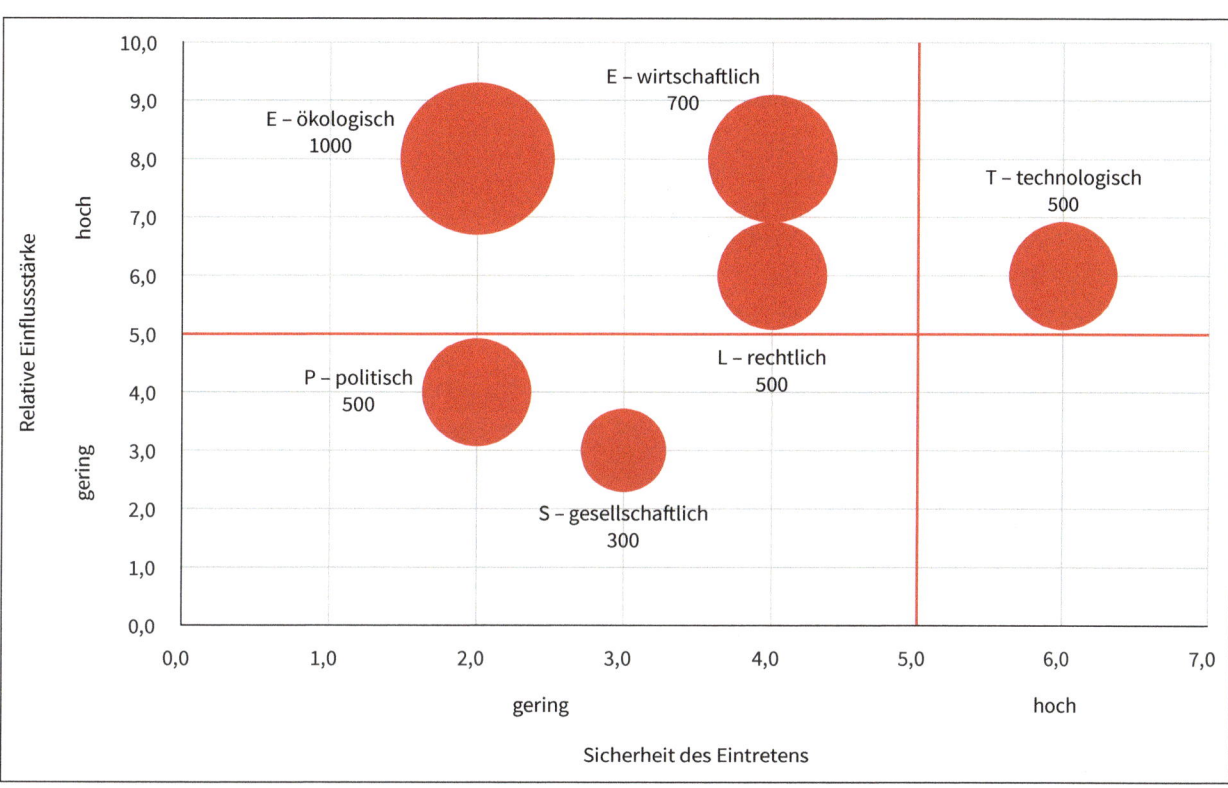

Quelle: vgl. Grunwald/Hempelmann 2017, S. 99

Abb. 7: PESTEL-Portfolio

ergibt sich daraus für Kunden die Herausforderung, Kenntnis über die Umweltschutzauflagen zu haben und diese neuen Anforderungen zu erfüllen. Hieraus leitet sich das Kundenbedürfnis ab, Leistungen zu erhalten, die der Erfüllung von Umweltschutzauflagen dienen (vgl. Schallmo 2013, S. 125; Schallmo/Brecht 2011, S. 8).

Im *dritten Schritt* erfolgt die **Ergebnispräsentation und -interpretation.** Hierzu lassen sich die bewerteten Umweltfaktoren in einem PESTEL-Portfolio, wie in Abbildung 7, darstellen.

So kommt im Beispiel dem technologischen Faktor (T) sowohl relativ wie auch absolut eine mittlere Bedeutung zu. Sein Eintreten gilt zudem als vergleichsweise sicher, sodass bereits jetzt konkrete Handlungspläne erarbeitet werden sollten (vgl. Grunwald/Hempelmann 2017, S. 99). Dem ökologischen Einflussfaktor (E) kommt relativ wie absolut die größte Bedeutung zu. Dieser Faktor sollte aufgrund seiner hohen Unsicherheit im Eintreten jedoch zunächst weiter beobachtet werden. Zudem sollten weitere Methoden eingesetzt werden, um beispielsweise Eintrittswahrscheinlichkeiten und den Umfang der Auswirkungen präziser quantifizieren zu können.

Tipps zur Interpretation des PESTEL-Portfolios

- Die **Relevanz** eines Faktors kann an seiner relativen Lage in dem Portfolio eingeschätzt werden. Hohe Sicherheit des Eintretens, hohe relative und absolute Einflussstärke deuten auf einen relevanten Faktor hin.
- Die **Priorisierung** der Maßnahmenableitung kann sich an der eingeschätzten Relevanz der Umweltfaktoren orientieren.
- Weiterer **Analysebedarf,** z. B. im Hinblick auf die Durchführung von Prognosen, kann sich bei Faktoren zeigen, die eine hohe Einflussstärke aufweisen, aber derzeit als unsicher gelten.

Im *vierten Schritt* schließlich erfolgt anhand der Gesamtbetrachtung aller Faktoren und gegebenenfalls durch weitergehende Expertenbefragung die Einschätzung als **Chance bzw. Risiko,** um konkrete Handlungspläne zum Umgang mit diesen Faktoren zu erarbeiten.

Kritische Reflexion

Die Orientierung an den fest vorgegebenen Faktorgruppen der PESTEL-Analyse begünstigt die vollständige Aufdeckung der potenziell relevanten Umwelteinflüsse und verbessert zudem deren trennscharfe Zuordnung in Faktorgruppen, womit Doppelzählungen vermieden werden. Der Diskussionsprozess um die Priorisierung von Handlungsfeldern kann hierdurch methodisch unterstützt werden. Die Schwierigkeit liegt allerdings in der eindeutigen Interpretation eines Umweltfaktors als Chance oder Risiko. Hierbei ist auch zu beachten, dass die zur Bewertung genutzten Kriterien Sicherheit des Eintretens und Einflussstärke bzw. Ergebnishöhe nicht unbedingt als unabhängig anzusehen sind, was aber in der Darstellung der Portfolio-Matrix suggeriert wird.

Perspektiven
Das dargestellte Grundkonzept der Umweltanalyse in Form der PESTEL-Analyse ist zunächst statisch angelegt und verdeutlicht die Relevanz der abgeschätzten Faktoren zum Zeitpunkt der Erhebung. Werden die Ergebnisse mehrerer, im Zeitablauf hintereinander durchgeführter PESTEL-Analysen gegenübergestellt, so lässt sich die Analyse auch als Kontrollinstrument verwenden. Zur Prognose und näheren Beschreibung zukünftiger Umweltfaktoren kann die Szenario-Analyse, zur Abschätzung von Eintrittswahrscheinlichkeiten die Delphi-Methode als mehrstufige Expertenbefragung ergänzend eingesetzt werden (vgl. Grunwald/Hempelmann 2017, S. 104 ff.).

2.2 Marktanalyse

Grundgedanke
Im Rahmen der Marktanalyse werden der relevante Markt aus Anbietersicht definiert und die auf das Unternehmen einwirkenden Nachfrage- und Angebotsfaktoren nach Art, Stärke und Richtung analysiert, die vom eigenen Unternehmen grundsätzlich beeinflussbar sind und den Markterfolg des eigenen Unternehmens bedingen. Ziel ist die Ermittlung und Beurteilung der Marktattraktivität und des Marktpotenzials (vgl. Grunwald/Hempelmann 2017, S. 142 ff.).

Tools
Die Marktanalyse kann in fünf Schritten, wie in Abbildung 8 dargestellt, durchgeführt werden.

Im *ersten Schritt* wird der **relevante Markt** abgegrenzt und definiert, auf dem der Anbieter seine Produkte und Dienstleistungen anbietet oder dies zukünftig in Betracht zieht. Zur Abgrenzung des relevanten Marktes kann das in Abbildung 9 vorgestellte Ablaufschema mit den jeweiligen Fragestellungen verwendet werden.

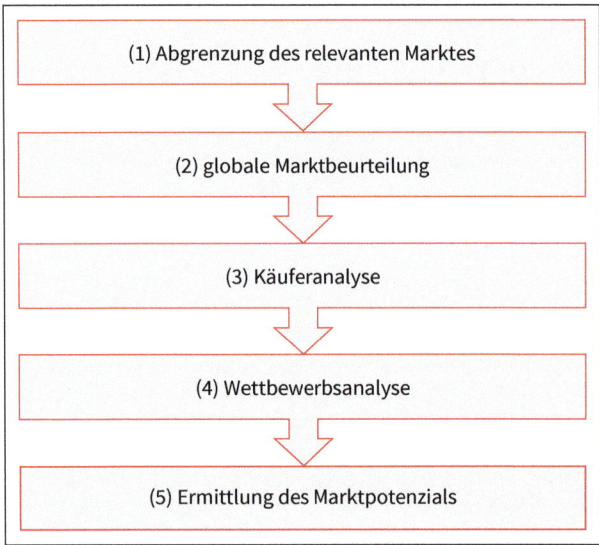

Quelle: eigene Darstellung

Abb. 8: Ablaufschritte einer Marktanalyse

Tipps zur Abgrenzung des relevanten Marktes

- Bei der Abgrenzung des relevanten Marktes sollte die **Reihenfolge** der Schritte des Ablaufschemas beachtet werden, da von der sachlichen Abgrenzung alle übrigen Schritte abhängen.
- Die Produkte und Dienstleistungen, Substitut- und Komplementärgüter sind stets aus der subjektiven **Nachfragerperspektive** zu definieren.
- Es ist von einer **weit gefassten Angebotsdefinition** auszugehen, um keine potenziell relevanten Wettbewerber auszuklammern.
- Es sollten möglichst **vollständig** alle relevanten Anbieter und Nachfrager in dem definierten Markt identifiziert und beschrieben werden.

Im *zweiten Schritt* erfolgt dann die nähere Beschreibung und **globale Marktbeurteilung** des abgegrenzten relevanten Marktes anhand allgemeiner Marktmerkmale, die durch verschiedene Indikatoren gemessen werden können (vgl. Tabelle 8).

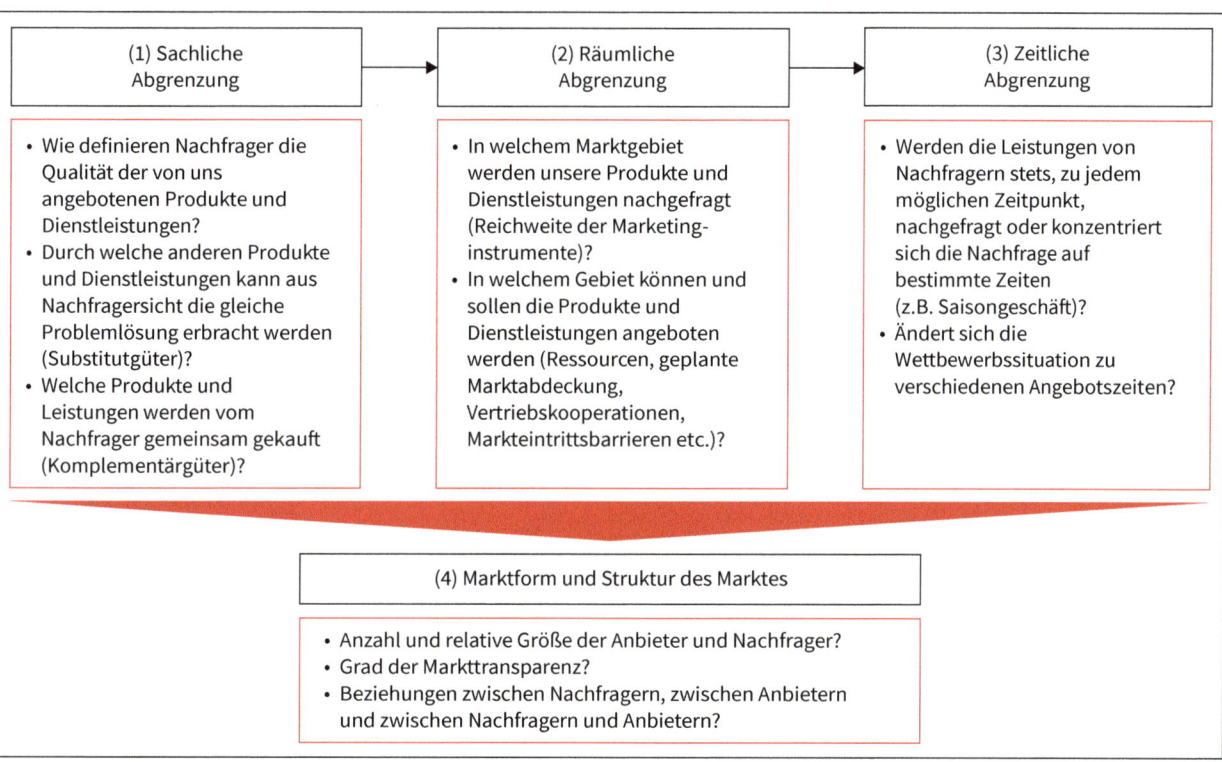

Abb. 9: Ablaufschritte der Abgrenzung des relevanten Marktes

Merkmale	Mögliche Indikatoren
Marktgröße/ -veränderung	Marktvolumen, -wachstum, -potenzial
Marktqualität	Branchenrentabilität, Stellung des Produktes im Marktlebenszyklus, Spielraum für die Preispolitik, Schutzfähigkeit des technischen Know-hows, Eintrittsbarrieren für neue Anbieter
Energie- und Rohstoffversorgung	Versorgungssicherheit, Energie- und Rohstoffpreise
Umweltsituation	Konjunkturabhängigkeit, Abhängigkeit von der öffentlichen Einstellung, Risiko staatlicher Eingriffe

Tab. 8: Kriterien zur Beurteilung der globalen Marktattraktivität (Quelle: Hinterhuber 1992, S. 114; Baum et al. 1999, S. 194)

Im *dritten Schritt* erfolgt die **Käuferanalyse,** mit der gegenwärtige Käufer (Kunden) beschrieben werden. Tabelle 9 gibt eine Übersicht über Fragestellungen zur Aufdeckung von Käufermerkmalen und zeigt einige typische Beispiele auf.

Um Käufer gezielt durch den Einsatz der Marketinginstrumente zum Kauf zu führen, ist es sinnvoll, den **Kaufentscheidungsprozess** (Buying Cycle) des Käufers Phase für Phase aufzudecken und diesen Prozess dann in jeder Phase zu beeinflussen. Hierbei kann man sich den Kaufprozess auch als **Kauftrichter** (Purchase Funnel) vorstellen, bei dem die jeweils vorgelagerte Stufe erfolgreich durchlaufen werden muss, um die nachfolgende zu erreichen, und auch einige Käufer den Prozess vorzeitig verlassen können. Durch die stufenweise Beeinflussung dieses Prozesses erhöht sich die Wahrscheinlichkeit, dass der Käufer den Prozess nicht abbricht oder länger auf der jeweiligen Stufe verweilt, sondern bis zum Ende durchläuft. Ob der Käufer eher einen ausführlichen (extensiven) oder einen kurzen Kaufentscheidungsprozess durchläuft, lässt sich anhand der in Tabelle 10 dargestellten Checkliste abschätzen.

Fragestellungen zur Aufdeckung von Käufermerkmalen	Beispiele für Käufermerkmale bei Privatkunden (Business-to-Consumer-Märkte)	Beispiele für Käufermerkmale bei Geschäftskunden (Business-to-Business-Märkte)
Welche demografischen Merkmale beschreiben die Käufer?	Alter, Geschlecht, Haushaltsgröße, Beruf, Einkommen	Daten zur Unternehmensgröße (z. B. KMU), Mitarbeiterzahl, Branchenzugehörigkeit, Mitglieder des Buying Centers (Entscheider, Einkäufer, Informationsselektierer, Beeinflusser, Nutzer)
Welche psychografischen Merkmale beschreiben die Käufer?	Persönlichkeitsmerkmale (z. B. soziale Orientierung, Entscheidungsverhalten, Risikofreude), Lifestyle (z. B. Werte, Aktivitäten, Interessen)	Persönlichkeitsmerkmale der Mitglieder des Buying Centers (Entscheider, Einkäufer, Informationsselektierer, Beeinflusser, Nutzer) z. B. in Bezug auf Entscheidungsverhalten und Risikobereitschaft
Was wird gekauft?	Produkte (Gebrauchsgüter, Verbrauchsgüter), Dienstleistungen	betriebsspezifische Sachgüter (häufig technisch anspruchsvoll, erklärungsbedürftig), Dienstleistungen, Rechte, Nominalgüter (Beteiligungen)
Wie viel wird gekauft?	Kaufmenge, Umsätze, Packungsgrößen (auf Ein- oder Mehrpersonenhaushalte beschränkt)	Kaufmenge, Umsätze
Wann wird gekauft?	Kaufzeitpunkt und Kaufhäufigkeit je nach individuell eingeschätzter Dringlichkeit	Kaufzeitpunkt und Kaufhäufigkeit je nach betrieblicher Notwendigkeit
Wo bzw. bei wem wird gekauft?	Nutzung diverser Vertriebskanäle und Handelsbetriebstypen (Multichanneling)	häufig direkte Vertriebswege (z. B. Single Sourcing oder Multiple Sourcing)
Wie wird gekauft?	wenig formalisierte individuelle und/oder kollektive Entscheidungsfindungsprozesse	formalisierte Entscheidungsfindungsprozesse, multipersonale Entscheidungsprozesse (Buying Center)
Warum wird gekauft?	Anlässe, Bedürfnisse, Interessen	betrieblicher Bedarf

Tab. 9: Fragestellungen im Rahmen der Käuferanalyse auf unterschiedlichen Märkten (Quelle: vgl. Grunwald/Hempelmann 2017, S. 146; BMWi o. J.a)

Merkmal	Beurteilung		Kaufentscheidungs-prozess eher...
Wert des Kaufobjekts (z. B. Kaufpreis, Folgekosten)	gering	☐	kurz
	hoch	☐	lang
Bindung an das Kaufobjekt (z. B. geplante Nutzungsdauer)	gering	☐	kurz
	hoch	☐	lang
Möglichkeit zur Qualitätsbeurteilung vor dem Kauf	gering	☐	lang
	hoch	☐	kurz
Komplexität des Kaufobjekts (z. B. Technologie, Wartung)	gering	☐	kurz
	hoch	☐	lang
wahrgenommenes Kaufrisiko (z. B. Tragweite, Budget)	gering	☐	kurz
	hoch	☐	lang
Kaufhäufigkeit (Regelmäßigkeit von ähnlichen Käufen)	gering	☐	lang
	hoch	☐	kurz
Neuheit des Problems für den Kunden	gering	☐	kurz
	hoch	☐	lang
Markttransparenz aus Sicht des Kunden	gering	☐	lang
	hoch	☐	kurz

Tab. 10: Checkliste zur Identifikation der Art des Kaufentscheidungsprozesses (Quelle: vgl. Kuß/Tomczak 2007, S. 115)

Bei einem kurzen Kaufentscheidungsprozess kann es sich um einen Impulskauf oder um einen Gewohnheitskauf handeln. Unter einem **Impulskauf** ist ein unmittelbar reizgesteuertes Auswahlverhalten des Käufers zu verstehen (vgl. Grunwald/Hempelmann 2012, S. 21 f.; Kuß/Tomczak 2007, S. 110). Der Käufer ist emotional aufgeladen und denkt über seine Auswahl kaum nach. Ein beispielsweise von außen kommender Kaufreiz (wie z. B. eine Sonderangebotsaktion) löst hier unmittelbar den Kauf aus. Sofern solche Impulskäufe bei dem zu vermarktenden Produkt typisch sind, sollte der Anbieter versuchen, gezielt Impulskäufe auszulösen. Hierbei ist allerdings auf die grundsätzlich abnehmende Reizstärke sowie Lerneffekte des Käufers bei häufigen und ähnlichen Verkaufsförderungsaktionen zu achten. Einen ebenfalls kurzen Entscheidungsprozess stellt der **Gewohnheitskauf** dar (vgl. Kuß/Tomczak 2007, S. 108). Hierbei befolgt der Käufer ein eingefahrenes Kaufschema, ohne über seine Auswahl nachzudenken. Er kauft entweder aus Bequemlichkeit stets das Gleiche oder er hat zu dem Produkt bzw. zur Marke des Anbieters eine emotionale Bindung aufgebaut (Produkt- bzw. Markentreue). Da einem Anbieter in der Regel an einem hohen Anteil an Gewohnheitskäufern gelegen ist, kann durch den Aufbau langfristiger Geschäftsbeziehungen, eine Belohnung des Käufers durch Treuerabatte o. Ä. oder auch durch den Verzicht auf einschneidende Änderungen des Produktdesigns der Anteil gewohnheitsmäßiger Käufer stabilisiert und gesteigert werden. Gleichwohl ist zu beachten, dass ein hoher Anteil an Gewohnheitskäufern auch dazu verleiten mag, sich mit Innovationen weniger stark zu befassen, was langfristig zulasten der Wettbewerbsfähigkeit des Anbieters gehen kann.

Ein langer Kaufentscheidungsprozess kann die Form eines extensiven oder vereinfachten Kaufentscheidungsprozesses annehmen. Bei einem **extensiven Kaufentscheidungsprozess** werden sämtliche Phasen der Informationsaufnahme, -verarbeitung und Entscheidungsfindung ausführlich durchlaufen (vgl. Kuß/Tomczak 2007, S. 108). Der Käufer ist hoch involviert und möchte diesen langen Prozess nicht abkürzen, etwa weil das Risiko eines Fehlkaufs als erheblich eingeschätzt wird. Der Anbieter hat den Käufer hier umfassend in jeder Phase zu informieren, wozu auch das Verkaufspersonal entsprechend zu schulen ist. Die dominierende Nutzung von Qualitätssignalen wie Marken, Gütesiegeln oder Garantien verspricht hier eher keinen Erfolg, weil der Käufer sich auch für die (technischen) Details des Produktes interessiert (vgl. zur Wirkung von Garantien als Marketinginstrument Grunwald 2013, Standop/Grunwald 2008 sowie Standop/Grunwald 2009). Auch auf zu stark einseitig beeinflussende Kommunikationsmuster ist hier zu verzichten. Bei einem **vereinfachten Kaufentscheidungsprozess** werden dagegen einige Phasen des extensiven Prozesses übersprungen oder verkürzt durchlaufen. Weil entsprechende Erfahrungen bereits vorliegen oder Zeitdruck bei der Beschaffung besteht (z. B. wegen einer dringend notwendigen Ersatzinvestition), entfällt beispielsweise die Phase der Suche nach Alternativen oder der Käufer beschränkt sich auf die zentralen Beurteilungsdimensionen. Hier wäre der Käufer also grundsätzlich daran interessiert, durch Nutzung von Qualitätssignalen und kompakten, strukturiert dargebotenen Informationen den Kaufentscheidungsprozess zu verkürzen. Hierbei sollte ihn der Anbieter unterstützen.

Abbildung 10 zeigt einen extensiven Kaufentscheidungsprozess, der typischerweise bei hohem Involvement unter starker Beteiligung von Denkprozessen des Käufers abläuft. Jede Phase ist durch spezifische Käuferaktivitäten gekennzeichnet, welche sich durch die in der Abbildung jeweils zugeordneten Fragen aufdecken lassen. Nachdem der Anbieter anhand dieser Fragen eingeschätzt hat, in welcher Phase sich der Käufer befindet und welche Faktoren die nächste Phase beeinflussen, können phasenspezifische Marketingmaßnahmen abgeleitet werden, um den Käufer in jeder Phase wirksam zu beeinflussen. So kann die jeweils nächste Phase erreicht und der Prozess mit dem Kauf erfolgreich abgeschlossen werden.

Ein entsprechendes Phasenschema zur schrittweisen Beeinflussung des Käuferverhaltens kann auch für die **Nachkaufphase** genutzt werden. Hierbei lässt sich etwa zwischen den Phasen Lieferung, Lagerung, Vorbereitung für den Konsum/die Verwendung, Konsum/Verwendung, Wartung/Reparatur/Umtausch und Entsorgung differenzieren (vgl. Grunwald/Hempelmann 2017, S. 13).

Den Phasen des Kaufentscheidungsprozesses können vom Anbieter auch **Erfolgskennzahlen (Key Performance Indicators)** zur Messung des Erfolgs der eigenen Marketingarbeit zugeordnet werden. Wird beispielsweise in Phase 1 des Prozesses Werbung geschaltet, um den Käufer zu aktivieren und seine Wahrnehmung auf die Marke zu lenken, so kann anschließend die gestützte Markenbekanntheit (Aided Recall) als Kennzahl gemessen werden. Um in die nächste Stufe des Prozesses zu gelangen, müsste der Käufer jedoch auch aus freien Stücken die Marke und Werbebotschaft erinnern, wozu in Phase 2 dann die ungestützte Markenbekanntheit (Unaided Recall) als Kennzahl erfasst werden könnte. Auf einer nächsten Stufe könnten dann das Kaufinteresse und sodann die Kaufbereitschaft usw. gemessen werden. Der

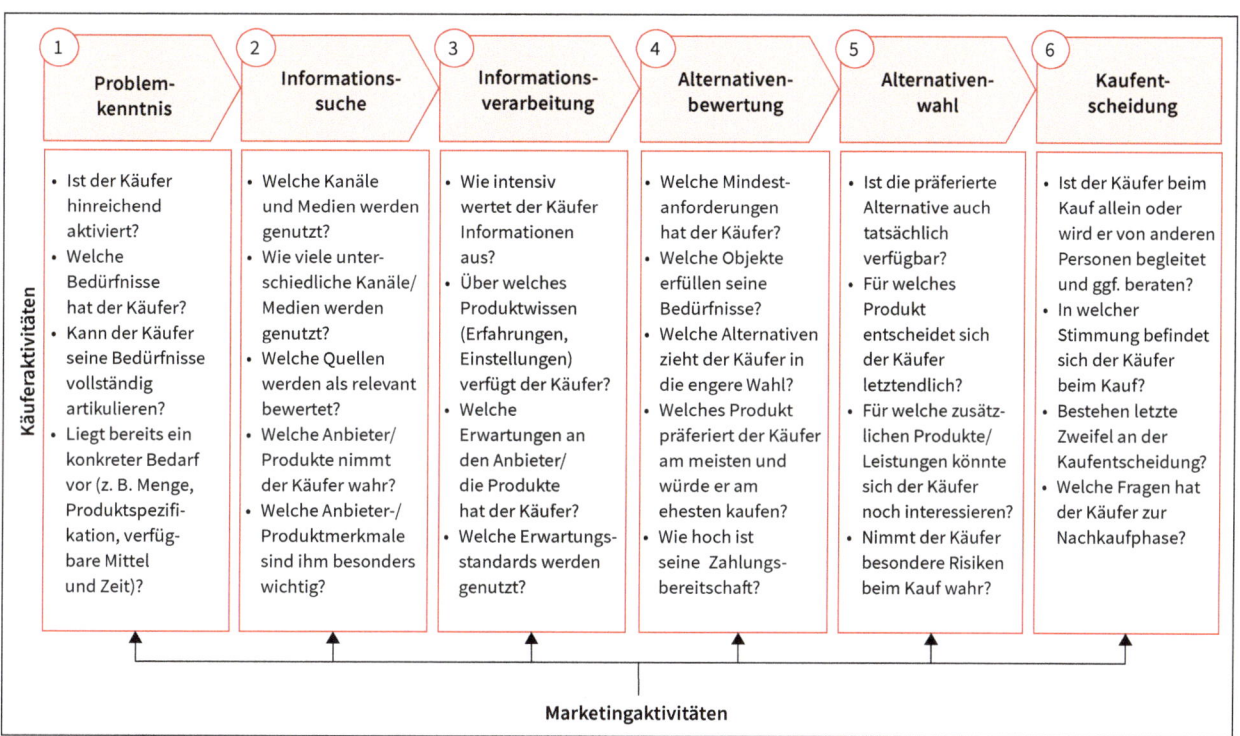

Abb. 10: Fragenkatalog zur Aufdeckung und Beeinflussung des extensiven Kaufentscheidungsprozesses

Purchase Funnel kann also auch als Tool genutzt werden, um aus allen potenziellen Käufern die Käufer mit Kaufabsicht zu filtern. Der Purchase Funnel wird vor allem auch im **digitalen Marketing** angewandt, um von den durch eine Online-Marketingmaßnahme angesprochenen Personen (z. B. den Nutzern einer Website oder den durch ein Mailing oder Werbebanner kontaktierten Personen) den Anteil der Leads zu bestimmen. Unter **Leads** werden im Online-Marketing neue Kundenkontakte bezeichnet, die durch eine (Online-) Marketingmaßnahme gewonnen wurden. Es handelt sich um Personen, die durch ihr Verhalten ein generelles Interesse an den Angeboten des Unternehmens zeigen (vgl. Kreutzer 2012, S. 186). Entsprechen diese Leads dann auch noch einem bestimmten Kundenprofil der Zielgruppe, handelt es sich um sogenannte **Marketing Qualified Leads (MQL).** Weisen diese Leads dann wiederum einen konkreten Bedarf und eine Kaufabsicht auf, liegen sogenannte **Sales Qualified Leads (SQL)** vor.

Die aufgedeckten Käuferprofile und -strukturen dienen als Grundlage für die im Weiteren zu bestimmenden Marktsegmente bzw. relevanten Zielgruppen (siehe dazu Kapitel 3.2.4).

Analog zur Vorgehensweise bei der Käuferanalyse lässt sich im *vierten Schritt* eine **Wettbewerberanalyse** durchführen. Tabelle 11 fasst zentrale Fragestellungen zur Aufdeckung von Wettbewerbermerkmalen zusammen und stellt einige Beispiele für Wettbewerbermerkmale gegenüber.

Das **Marktpotenzial** wird im *fünften Schritt* ermittelt. Hierzu werden die Ergebnisse aus den vorherigen Schritten der Analyse gegenübergestellt, um angesichts der gegenwärtigen und zukünftig zu erwartenden Angebots- und Nachfragesituation Lücken im Angebot zu identifizieren. Zur Potenzialanalyse können die in Tabelle 12 formulierten Fragen genutzt werden.

Kritische Reflexion

Im Rahmen der Marktanalyse besteht insbesondere bei der Bewertung der qualitativen Kriterien die Gefahr der Subjektivität. Um aber qualitativ bessere – und damit möglichst objektive – Einschätzungen bzw. Bewertungsergebnisse zu erhalten, sollten derartige Einschätzungs- und Bewertungsprozesse gemeinsam von Vertretern des Managements, Marketings, Vertriebs oder anderer Funktionsbereiche vorgenommen werden.

Perspektiven

Die Analyse des Marktes ist eine unverzichtbare Marketingaufgabe, um das Unternehmens- und Produktumfeld

Fragestellungen zur Aufdeckung von Wettbewerbermerkmalen	Beispiele für Wettbewerbermerkmale
Wer sind die Wettbewerber?	direkte Wettbewerber (Anbieter gleicher oder vergleichbarer Produkte/Leistungen, die auf vergleichbare Art am Markt agieren), indirekte Wettbewerber (Anbieter unterschiedlicher Produkte/Leistungen an gleiche Zielgruppen)
Wer bietet derzeit an?	Anzahl relevanter Wettbewerber (abgeleitet aus der Definition des relevanten Marktes), Unternehmensgröße, Marktanteile, Rechtsform, Standorte, Anzahl und Art der Kunden (Hauptkundensegment), Innovationskraft des Wettbewerbers (z. B. gemessen an Anzahl ihrer Patente, Altersstruktur des Produktportfolios), Bekanntheitsgrad, Image
Welche Produkte/Dienstleistungen bieten diese Wettbewerber an?	Programmbreite (Anzahl verschiedener Produkt(-linien)), Programmtiefe (z. B. Anzahl Typen, Sorten, Ausführungen, Marken), Art der Kernprodukte und Qualitätsniveau (z. B. nach technischer Produktqualität), Anzahl und Art der Zusatzleistungen (z. B. komplementäre Produkte, Garantien, Absatzfinanzierung wie Leasingangebote, Schulungen, Wartungen), Innovationsgrad der Produkte
Was können die Wettbewerber besonders gut und worin sind sie weniger gut?	Produktqualität, Servicequalität, Preis-Leistungs-Verhältnis, Vertrieb, Reaktionsfähigkeit auf Marktänderungen
Welche Strategie(n) verfolgen die Wettbewerber?	Premium-/Qualitätsstrategie, Discountstrategie, Innovationsstrategie
Wie stehen die Wettbewerber im Markt?	Absätze, Umsätze, Marktanteil, Finanzergebnis, Cashflow, Jahresüberschuss, Bonität, Image, Kundenzufriedenheit
Welche Ressourcen besitzen die Wettbewerber?	materielle Ressourcen wie finanzielle (z. B. Eigenkapital, Fremdkapital), physische (z. B. Maschinen, Gebäude, Grundstücke) oder IT-basierte (z. B. Hardware) und immaterielle Ressourcen wie Bestandsressourcen (z. B. Markenname/-image, Patente), Personalressourcen (z. B. Erfahrungen, Fähigkeiten), strukturelle Ressourcen (z. B. Ablauforganisation, Managementsysteme) und kulturelle Ressourcen (z. B. Unternehmenskultur)

Fragestellungen zur Aufdeckung von Wettbewerbermerkmalen	Beispiele für Wettbewerbermerkmale
Wie bieten die Wettbewerber an?	Preisstellung (Preishöhe, Zu- und Abschläge vom Basispreis, Preisdifferenzen zwischen Anbietern), Aktionen (z. B. Sonderangebotspreise, Sonderpackungen), Einzelangebote vs. Systemlösungen (z. B. Preisbündelung)
Wann bieten die Wettbewerber an?	Konzentration auf bestimmte Zeit (z. B. Saisonanbieter, zeitliche Begrenzung von Angeboten/Limited Editions), Bezug zu eigenen Angebotszeiten (z. B. zeitlicher Abstand zur eigenen Neuprodukteinführung)
Wo bzw. bei wem bieten die Wettbewerber an?	Länge und Breite des Absatzkanals (Standorte, Filialen), Tiefe des Absatzkanals (Typenvielfalt nach Universal-, Selektiv-, Exklusivvertrieb)

Tab. 11: Fragestellungen im Rahmen der Wettbewerberanalyse (Quelle: vgl. Grunwald/Hempelmann 2017, S. 173 f.; BMWi o. J.a)

Vergleichsmaßstäbe	Fragestellungen	Antworten
Abgleich derzeitige Käufer (-segmente) mit derzeitigem Angebot	Werden derzeitige Käufer (-segmente) nicht oder nur unzureichend durch entsprechende Produkte bzw. Dienstleistungen angesprochen? Bestehen derzeit Angebotslücken im Markt?	☐ ja ☐ nein ☐ prüfen
Abgleich zukünftig zu erwartende/sich verändernde Käuferstruktur mit derzeitigem Angebot	Werden zukünftige Käuferbedürfnisse mit den derzeitigen Produkten bzw. Dienstleistungen noch erreicht? Sind neue Leistungen für neue Käufer (-segmente) erforderlich?	☐ ja ☐ nein ☐ prüfen
Abgleich derzeitiges Wettbewerberangebot mit zukünftig zu erwartendem Angebot	Welche derzeitigen Angebotslücken werden zukünftig durch welche Wettbewerberangebote (z.B. Innovationen) ausgeglichen? Bleiben voraussichtlich noch Angebotslücken bestehen?	☐ ja ☐ nein ☐ prüfen

Tab. 12: Analyse des Marktpotenzials

so objektiv und ausführlich wie möglich beschreiben zu können. Auf der Grundlage dieser marktrelevanten Informationen lassen sich Marketingstrategien entwickeln, um sich insbesondere in hart umkämpften Märkten behaupten zu können.

2.3 Unternehmensanalyse

Grundgedanke

Wie gut ein Unternehmen auf dem Markt agieren kann, hängt insbesondere von den eigenen Ressourcen, Fähigkeiten und Kernkompetenzen ab. Diese interne Basis ist durch die Unternehmensanalyse zu beschreiben.

Als **Ressourcen** bezeichnet man alle materiellen und immateriellen Vermögensbestandteile, über die ein Unternehmen verfügt. Zu den materiellen Ressourcen zählen z. B. Maschinen, Anlagen, Rohstoffe oder auch finanzielle Mittel. Die immateriellen Ressourcen umfassen etwa Patente, Erfahrungen und Fähigkeiten der Mitarbeiter oder auch die Unternehmenskultur. Die **Fähigkeiten** beschreiben, inwieweit ein Unternehmen in der Lage ist, seine Ressourcen so zu kombinieren bzw. einzusetzen, dass Ziele effektiv und effizient erreicht werden. Fähigkeiten zeigen sich beispielsweise in der Organisation, in den im Unternehmen ablaufenden Prozessen oder in den Führungssystemen (z. B. Planungs- und Kontrollsysteme, Kommunikationssysteme). Jene Ressourcen und Fähigkeiten, die als besonders erfolgskritisch zu kennzeichnen sind, werden als **Kernkompetenzen** bezeichnet (vgl. Reisinger et al. 2017, S. 72 f.).

Tools

Ein bedeutendes Verfahren zur Analyse der eigenen Unternehmensressourcen stellt das **Ressourcenprofil** dar. Mit diesem Analyseverfahren können die Stärken und Schwächen, d. h. die gegenwärtigen, aber auch zukünftig vorhandenen Ressourcen des Unternehmens, erfasst und beurteilt sowie anschließend im Rahmen eines Benchmarking-Prozesses mit den Ressourcen des stärksten Wettbewerbers verglichen werden. Zudem sind Aussagen darüber möglich, inwieweit das Unternehmen in der Lage ist, zukünftigen Herausforderungen besser oder schlechter zu begegnen (vgl. Benkenstein 2002, S. 37 ff.). Abbildung 11 illustriert beispielhaft ein Ressourcenprofil. Zur Identifikation der Kernkompetenzen eines Unternehmens bietet sich das **VRINO-Analysetool** (vgl. Reisinger et al. 2017, S. 86 ff.) an, das eine Kombination aus dem VRIN-Modell von Barney (vgl. Barney 1991) und dem

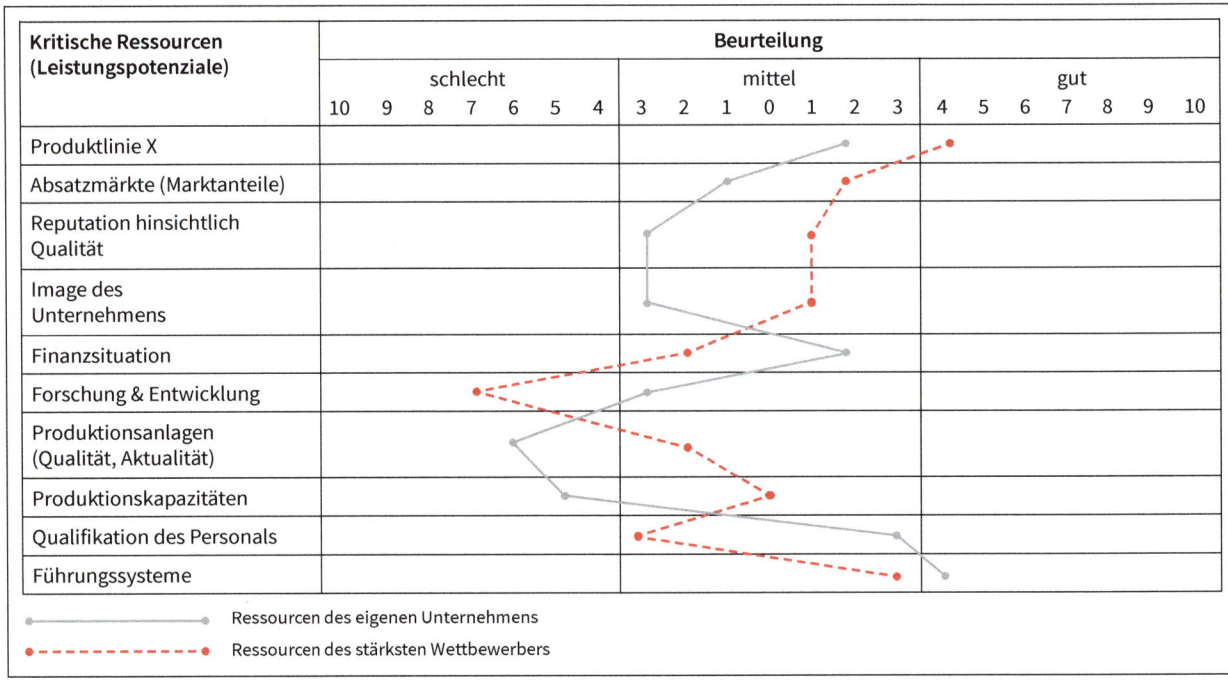

Quelle: vgl. Benkenstein 2002, S. 38

Abb. 11: Beispiel eines Ressourcenprofils

VRIO-Modell von Barney & Hesterly (vgl. Barney/Hesterley 2012, S. 76 ff.) darstellt. Es umfasst die in Abbildung 12 aufgeführten Fragestellungen.

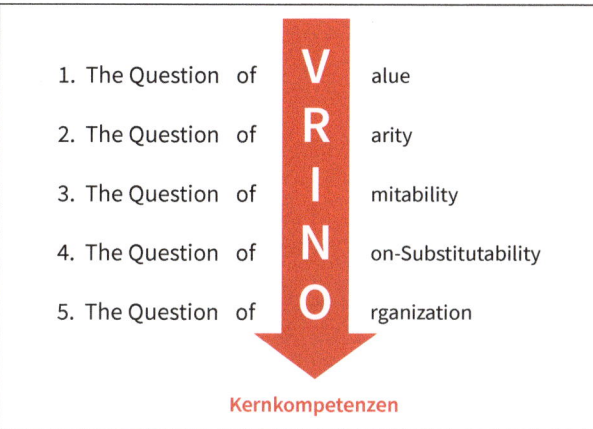

Quelle: Reisinger et al. 2017, S. 87

Abb. 12: Schlüsselfragen zur Identifikation von Kernkompetenzen

Bei der **Value-Frage** geht es darum, festzustellen, ob die vorhandenen Ressourcen und Fähigkeiten ausreichen, um die zukünftigen Herausforderungen effektiv und effizient bewältigen zu können. Wird die Frage mit »Ja« beantwortet, sind die Ressourcen wertvoll und können damit als Stärke eingestuft werden. Mit der **Rarity-Frage** wird überprüft, inwiefern Wettbewerber über diese Ressourcen und Fähigkeiten verfügen. Wettbewerbsvorteile lassen sich eher dann ableiten, wenn es nur wenige oder keine Wettbewerber auf dem Markt gibt, die diese Kompetenzen anbieten. Die Antwort auf die **Imitability-Frage** gibt eine Auskunft darüber, ob Wettbewerber in der Lage sind, die Ressourcen und Fähigkeiten – ggf. mit hohem Kostenaufwand – zu imitieren. Sind sie schwer zu imitieren, ergibt sich zumindest ein temporärer Wettbewerbsvorteil. Bei der **Non-Substitutability-Frage** wird versucht, herauszufinden, ob Produkte oder Dienstleistungen bzw. Ressourcen und Fähigkeiten substituiert werden können. Bieten andere Unternehmen alternative Bedürfnisbefriedigungsformen an, dann ist eher kein nachhaltiger Wettbewerbsvorteil zu generieren. Mit der **Organization-Frage** wird überprüft, ob die Organisation des Unternehmens so aufgestellt ist, dass die Ressourcen und Fähigkeiten voll ausgeschöpft werden können und damit die Kernkompetenzen erfolgreich auf dem Markt wirken.

In Abbildung 13 werden die Fragestellungen und möglichen Wettbewerbseffekte zusammengefasst.

Die Erkenntnisse aus der Umwelt-, Markt- und Unternehmensanalyse können nun im Rahmen einer **SWOT-**

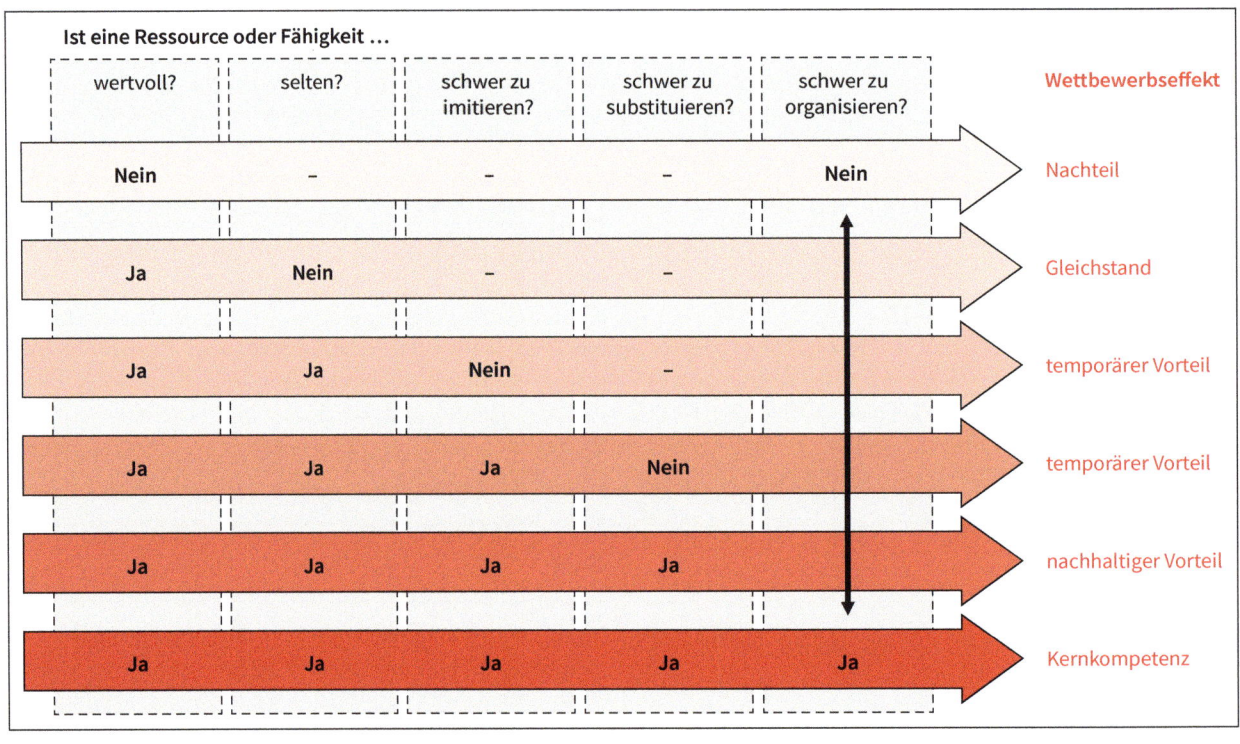

Quelle: vgl. Reisinger et al. 2017, S. 87

Abb. 13: Potenzielle Wettbewerbseffekte auf der Basis einer VRINO-Analyse

Analyse zusammengefasst werden. SWOT steht als Akronym für **S**trengths (Stärken), **W**eaknesses (Schwächen), **O**pportunities (Chancen) und **T**hreats (Risiken). Die Stärken und Schwächen stellen dabei die Ergebnisse der gegenwartsbezogenen (internen) Unternehmensanalyse dar. Die Chancen und Risiken dagegen zeigen die Ergebnisse der (externen) Umwelt- und Marktanalyse auf (vgl. Grunwald/Hempelmann 2017, S. 211). Mit der Gegenüberstellung der aus dem unternehmensinternen Bereich stammenden Stärken und Schwächen und den unternehmensexternen Chancen und Risiken ergibt sich eine **SWOT-Matrix.** In den einzelnen Feldern können konkrete Fragestellungen beantwortet und unternehmerische Strategien abgeleitet werden, wie Abbildung 14 illustriert.

Kritische Reflexion

Die Ergebnisse der Unternehmensanalyse sind insgesamt nur bedingt aussagefähig. Zum einen stellen sie eine relative Größe dar, die erst im Kontext mit Ergebnissen vergleichbarer Unternehmen an Aussagekraft gewinnt. Zum anderen stellt sich auch hier die Frage nach der Objektivität bei der Auswahl und Beurteilung sowie Gewichtung einzelner, vor allem qualitativer Kriterien. Insofern empfiehlt es sich, bei der Anwendung dieser Analysetools ebenfalls mehrere Personen mit einzubeziehen.

Perspektiven

Die Aussagekraft einzelner Analyseergebnisse kann dann erhöht werden, wenn im Rahmen der Anwendung einzelner Analysetools nicht nur Mitglieder des Unternehmens Auswahl- und Bewertungsprozesse begleiten. Unter Berücksichtigung der zunehmenden Relevanz eines stakeholderorientierten Marketings, bei dem die Beziehungsgestaltung zu unternehmensrelevanten Stakeholdern im Vordergrund steht (vgl. hierzu Grunwald/Schwill 2017a), erscheint es für Unternehmen zunehmend notwendig, einen Abgleich der Potenziale (Ressourcen, Fähigkeiten, Kernkompetenzen) aus der Stakeholder-Perspektive vorzunehmen. So ist beispielsweise eine Kernkompetenz des Unternehmens nur dann auch wettbewerbswirksam, wenn insbesondere die Kunden diese Kompetenz auch erkannt haben und als Unternehmensvorteil einschätzen. Die systematische Einbeziehung relevanter Anspruchsgruppen in Bewertungsprozesse verschafft Unternehmen die Möglichkeit, ganzheitliche, durch Stakeholder abgeglichene Entscheidungen zu treffen. Damit können sich Unternehmen im Wettbewerbs- und Marktumfeld nachhaltig positionieren.

| | | Ergebnisse aus der Analyse der Umwelt und des Marktes (externe Analyse) ||
		Chancen	Risiken
Ergebnisse aus der Unternehmensanalyse (interne Analyse)	Stärken	*zentrale Fragestellung:* Hat das Unternehmen die Stärken, um Chancen zu nutzen? *Strategieempfehlung:* Investieren, d. h. Einsatz der Stärken des Unternehmens zur Ausnutzung der Chancen der Umwelt und des Marktes	*zentrale Fragestellung:* Hat das Unternehmen die Stärken, um Risiken zu bewältigen? *Strategieempfehlung:* Absichern, d. h. Einsatz der Stärken des Unternehmens, um die Risiken der Umwelt und des Marktes zu minimieren
	Schwächen	*zentrale Fragestellung:* Welche Chancen verpasst das Unternehmen wegen der Schwächen? *Strategieempfehlung:* Ausgleichen, d. h. Überwinden der Schwächen des Unternehmens zur Ausnutzung der Chancen der Umwelt und des Marktes	*zentrale Fragestellung:* Welchen Risiken ist das Unternehmen wegen der Schwächen ausgesetzt? *Strategieempfehlung:* Basisabsicherung, d. h. Minimierung der Schwächen des Unternehmens und der Risiken der Umwelt und des Marktes

Quelle: vgl. Grunwald/Hempelmann 2017, S. 211; Hungenberg 2011, S. 88

Abb. 14: SWOT-Analyse

3 Marketingstrategisches Toolraster

3.1 Marketingziele als Ausgangspunkt der Marketingstrategien

Auf der Basis der Ergebnisse der Situationsanalyse und unter Berücksichtigung der übergeordneten Unternehmensziele lassen sich die Marketingziele ableiten. Sie bilden die Grundlage für die anschließend zu bestimmenden Marketingstrategien und für die Ausgestaltung des Marketingmix. Damit stellen sie die Spitze der Konzeptionspyramide des Marketings dar (vgl. Abbildung 15).

Ziele stellen die »Wunschorte« bzw. ganz allgemein Orientierungsgrößen dar (Fragestellung: »Wo wollen wir hin?«). Die Marketingziele lassen sich dabei in ökonomischer und psychologischer Ausrichtung definieren. Tabelle 13 fasst wichtige Zielgrößen zusammen.

Die einzelnen Zielbereiche sind nicht unabhängig voneinander. Vielfach kann davon ausgegangen werden, dass die Erreichung der psychologischen Marketingziele Voraussetzung für die Erreichung ökonomischer Zielgrößen ist (vgl. Bruhn 2012b, S. 27). Insofern liegt eine Mittel-Zweck-Beziehung vor.

Quelle: vgl. Becker 2013, S. 11

Abb. 15: Konzeptionspyramide des Marketings

Im Rahmen der unterschiedlichen Marketingzielsetzungen hat die Kundenzufriedenheit eine besondere Bedeutung. Insbesondere nach dem hier zugrunde gelegten beziehungsorientierten Marketingansatz kann es nur dann

Ökonomische Marketingziele	Psychologische Marketingziele
Absatz (Anzahl verkaufter Mengeneinheiten)	Bekanntheitsgrad (Kenntnis von Produkten, Marken, Unternehmen, Einkaufsstätten)
Umsatz (zu Verkaufspreisen bewertete abgesetzte Mengeneinheiten)	Kaufpräferenzen (bevorzugte Wahl von Produkten, Marken, Unternehmen, Einkaufsstätten)
Marktanteil (Umsatz oder Absatz in Relation zu Umsatz oder Absatz des Marktes)	Image und Einstellung (subjektiver Gesamteindruck bzw. innere Denkhaltung gegenüber einem Objekt, einer Person, einem Thema etc.)
Deckungsbeitrag (Umsatz abzüglich der variablen Kosten der Produktion)	Kundenzufriedenheit (Ergebnis eines subjektiven Soll-Ist-Vergleichs, bei dem die Erwartungen erfüllt werden)
Gewinn (Umsatz abzüglich Kosten)	Kundenbindung (Wiederkauf, Cross-Selling, Upselling, Weiterempfehlung)
Rendite (Gewinn in Relation zum eingesetzten Kapital oder zum Umsatz)	Vertrauen (subjektive Erwartung in die zukünftige Leistungsfähigkeit und Leistungsbereitschaft in Bezug auf einen Anbieter, ein Produkt oder eine Marke, Nutzenversprechen zu erfüllen)

Tab. 13: Ökonomische und psychologische Marketingziele (Quelle: vgl. Bruhn 2012b, S. 26)

zu einer Verstetigung der Kundenbeziehungen – etwa in Form von Wiederholungskäufen – kommen, wenn die Wünsche, Bedürfnisse oder Erwartungen der Beziehungspartner (Kunden) mindestens erfüllt worden sind. Die Priorisierung der Kundenzufriedenheit als oberste Zielgröße erscheint auch unter Berücksichtigung der bereits skizzierten Erfolgskette der Kundenorientierung (vgl. Abbildung 3) als unabdingbar und ist entscheidend für den Markterfolg von Unternehmen.

Ziele definieren einen angestrebten Soll-Zustand, der möglichst konkret zu beschreiben ist. Werden die Marketingziele nicht genau genug formuliert, sind sie nicht messbar (operational) und können demzufolge nur unzureichend kontrolliert werden. Die Konkretisierung der Ziele lässt sich anhand von fünf grundlegenden Dimensionen vornehmen und kann gemäß Tabelle 14 wie folgt beschrieben werden.

Zieldimensionen	Erläuterungen	Beispiele
Zielinhalt (Was soll erreicht werden?)	eindeutige und präzise Formulierung von Zielen, um eine Verwässerung von Zielen zu vermeiden	Erhöhung des Umsatzes für Produkt X; Erhöhung des Bekanntheitsgrades der Marke X
Zielausmaß (Wie viel soll erreicht werden?)	Bestimmung des Umfanges der Zielerreichung, um die Zielerreichung im Nachhinein kontrollieren zu können	Erhöhung des Umsatzes für Produkt X um 5 %; Erhöhung des Bekanntheitsgrades der Marke X um 10 %
Zielperiode (Wann soll das Ziel erreicht werden?)	Festlegung von Zeitpunkt oder Zeitraum, zu bzw. in dem die Ziele erreicht werden sollen	Erhöhung des Umsatzes für Produkt X um 5 % bis zum Ende des Geschäftsjahres; Erhöhung des Bekanntheitsgrades der Marke X um 10 % in den nächsten 12 Monaten
Zielsegment (In welchem Marktsegment bzw. bei welcher Zielgruppe soll das Ziel erreicht werden?)	Definition des Marktsegments bzw. der Zielgruppe des formulierten Ziels	Erhöhung des Umsatzes für Produkt X um 5 % bis zum Ende des Geschäftsjahres im Segment »Lebensmitteldiscounter«; Erhöhung des Bekanntheitsgrades der Marke X um 10 % in den nächsten 12 Monaten bei der Zielgruppe »Frauen über 30 Jahre«
Zielgebiet (In welchem Gebiet soll das Ziel erreicht werden?)	Festlegung des geografischen Raumes des formulierten Ziels	Erhöhung des Umsatzes für Produkt X um 5 % bis zum Ende des Geschäftsjahres im Segment »Lebensmitteldiscounter« in Norddeutschland; Erhöhung des Bekanntheitsgrades der Marke X um 10 % in den nächsten 12 Monaten bei der Zielgruppe »Frauen über 30 Jahre« im Raum Berlin/Brandenburg

Tab. 14: Zieldimensionen (Quelle: vgl. Scharf et al. 2015, S. 199 f.; Bruhn 2012b, S. 27)

3.2 Marketingstrategische Optionen

Im Anschluss an die Bestimmung der Marketingziele sind die Marketingstrategien zu definieren und damit grundlegende Aussagen darüber zu treffen, wie die Ziele erreicht werden sollen. Marketingstrategien sind mehrere Planungsperioden umfassende und damit mittel- bis langfristig wirkende Grundsatzentscheidungen. Sie bestimmen die generelle Stoßrichtung des unternehmerischen Handelns und stellen das Bindeglied zwischen den Marketingzielen einerseits und den operativen Marketingmaßnahmen andererseits dar (vgl. Scharf et al. 2015, S. 206).

Angesichts der Vielfalt strategischer Formen (Optionen) soll sich im Folgenden auf die in Abbildung 16 dargestellten zentralen Marketingstrategien konzentriert werden.

3.2.1 Positionierungsstrategien

Grundgedanke

Als Basisstrategie gilt die Bestimmung der Positionierungsstrategie. Mit der Positionierungsstrategie soll ein Positionierungsobjekt (z. B. ein Produkt oder eine Marke) so in den Köpfen der Zielgruppen verankert werden, dass es in Relation zu Wettbewerberangeboten von (potenziellen) Kunden wahrgenommen wird, damit das eigene Angebot gegenüber konkurrierenden Angeboten präferiert wird und damit eigene Wettbewerbsvorteile ausgebaut und langfristig gesichert werden (vgl. Grunwald/Hempelmann 2017, S. 266).

Tools

Zur Ableitung der Positionierungsstrategie empfiehlt sich zunächst die Durchführung einer **Positionierungsanalyse** (vgl. hierzu Grunwald 2017). Das Ziel besteht darin, herauszufinden, wie das unternehmenseigene Leistungsangebot (Produkt, Marke etc.) im Vergleich zu relevanten Wettbewerbsangeboten von den Nachfragern wahrgenommen wird. Zu diesem Zweck werden Leistungsangebote unter Berücksichtigung von Wahrnehmungs- und Beurteilungskriterien untersucht und zwei- oder mehrdimensional dargestellt. Ein Beispiel einer zweidimensionalen Positionierung wird in Abbildung 17 illustriert.

Aus der Abbildung wird deutlich, welche momentane Positionierung das eigene Produkt im Wahrnehmungsfeld der Kunden hat (Ist-Positionierung). Um bei den Kunden einen zu erreichenden Punkt in Form einer Zielposition (Soll-Positionierung) und damit eine Verschiebung der eigenen Angebotspositionierung zu erreichen, sind geeig-

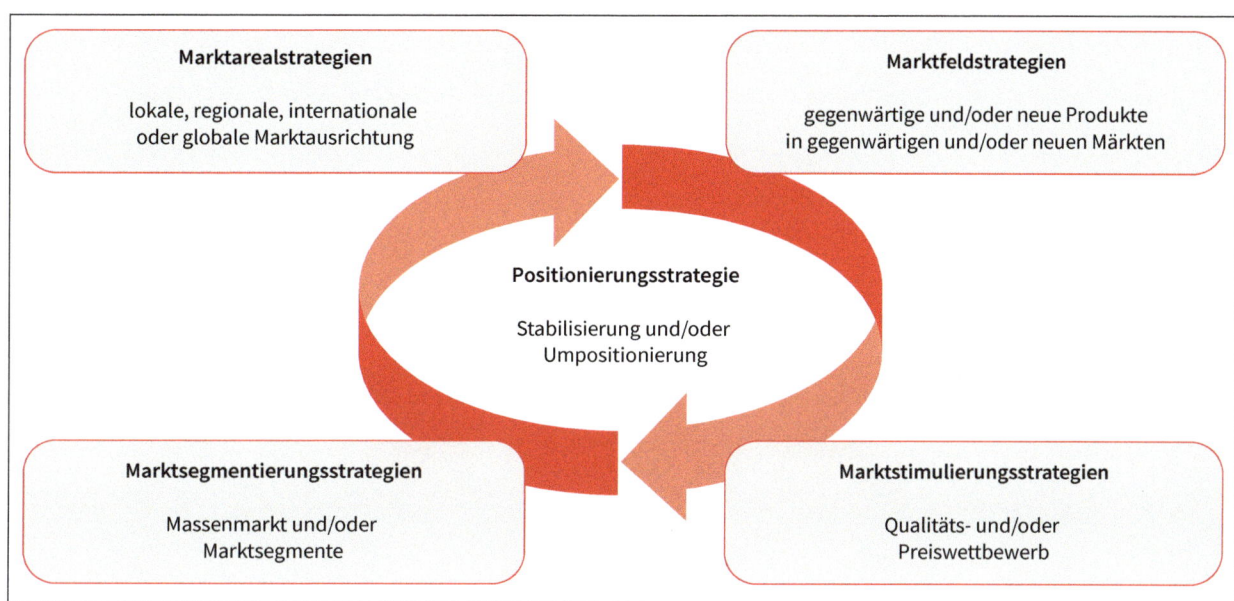

Abb. 16: Marketingstrategische Optionen

nete Handlungspläne erforderlich. Insgesamt ergeben sich für Unternehmen mehrere strategische Optionen, die für die Stabilisierung der derzeitigen Positionierung oder auch für das Erreichen einer neuen Positionierung zum Einsatz kommen können. Sie werden in Tabelle 15 zusammengefasst.

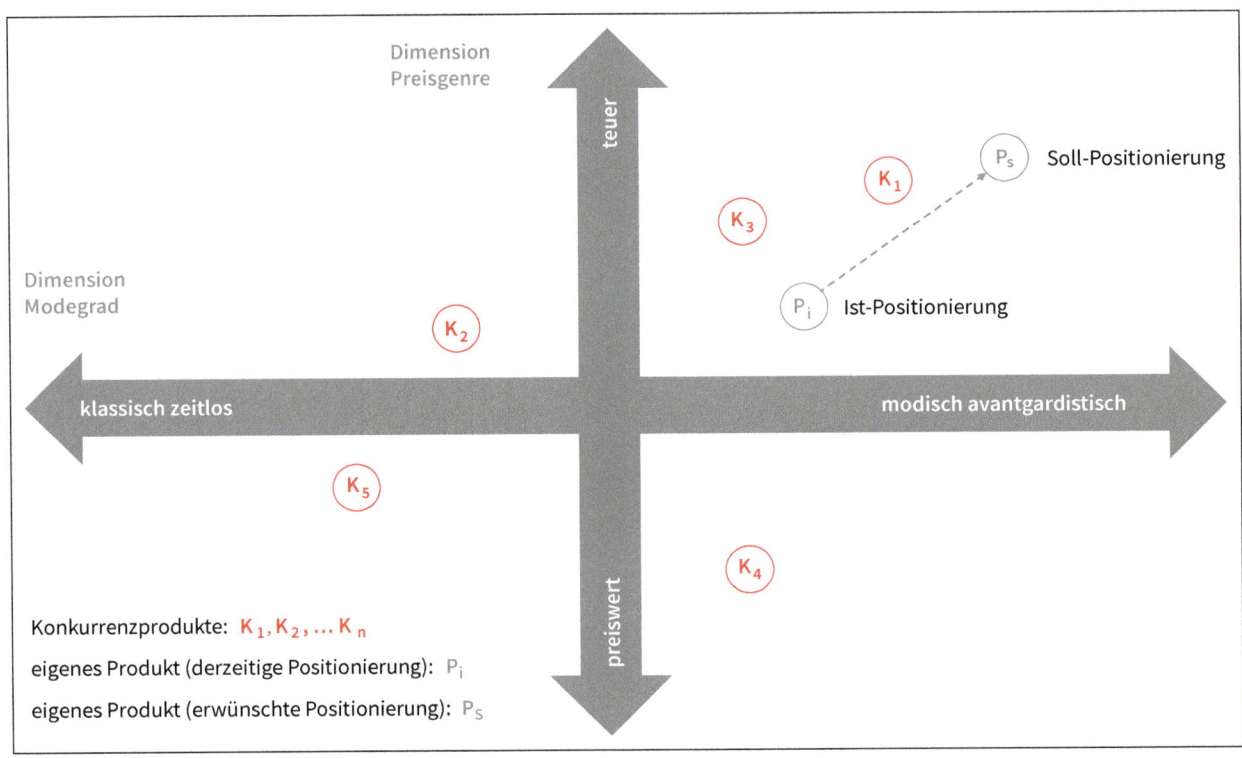

Abb. 17: Beispiel für eine zweidimensionale Positionierung

Positionierungsstrategien		Charakterisierung
Stabilisierung der Ist-Position	Präferenzänderungsstrategie	Betonung der Kaufrelevanz (Wichtigkeit) der derzeit zur Positionierung genutzten Eigenschaftskombinationen und damit Lenkung des Interesses auf eigene Leistungsangebote
	Restrukturierungsstrategie	Positionierung einer Marke durch Anbieten zusätzlicher Produkteigenschaften (z. B. ökologische Verträglichkeit), um weitere Zielgruppen anzusprechen
Umpositionierung	Differenzierungsstrategie (Profilierungsstrategie)	Abhebung von der Konkurrenz durch das Anstreben einer Alleinstellung im Markt (Unique Selling Proposition = USP)
	Imitationsstrategie (Me-too-Strategie)	Anlehnung an ein am Markt erfolgreiches Wettbewerbsprodukt, um z. B. von Image und Bekanntheit zu profitieren
	Marktausschöpfungsstrategie	Positionierung des Leistungsangebots möglichst nah an der Idealvorstellung der Zielgruppe in einem Marktsegment (z. B. durch das Angebot zusätzlicher Produktvarianten)

Tab. 15: Alternative Positionierungsstrategien (Quelle: vgl. Grunwald/Hempelmann 2017, S. 267 ff.)

Im Rahmen der skizzierten Strategien ist der Differenzierungsstrategie eine besondere Bedeutung beizumessen. Vor allem durch das Erreichen einer Alleinstellung am Markt (**Unique Selling Proposition,** USP) besteht die Möglichkeit, sich durch ein einzigartiges Leistungsangebot einen überlegenen Wettbewerbsvorteil zu schaffen und sich – zumindest über einen gewissen Zeitraum hinweg – »unantastbar« zu machen. Die Einzigartigkeit kann etwa in der technologischen Problemlösung, im Preis oder in der Serviceausrichtung (z. B. 24-Stunden-Ersatzteilservice weltweit) begründet liegen. Damit ein USP auch nachhaltig wirkt, sind die in Tabelle 16 genannten Anforderungen zu erfüllen. Je mehr Anforderungen unternehmensseitig erfüllt werden, desto stärker ist die Positionierung des Leistungsangebots im Markt.

Anforderungen	Charakterisierung	Überprüfung des eigenen USP
wichtig	Das Angebot liefert einen überdurchschnittlich wertvollen Nutzen für die Zielgruppe.	☐ trifft zu ☐ trifft nicht zu ☐ noch zu prüfen
präventiv	Das Angebot kann vom Wettbewerb nicht leicht kopiert werden.	☐ trifft zu ☐ trifft nicht zu ☐ noch zu prüfen
überlegen	Das Angebot ist anderen Alternativen der Bedürfnisbefriedigung überlegen.	☐ trifft zu ☐ trifft nicht zu ☐ noch zu prüfen
erschwinglich	Das Angebot ist für Kunden erschwinglich.	☐ trifft zu ☐ trifft nicht zu ☐ noch zu prüfen
profitabel	Das Angebot kann gewinnbringend am Markt angeboten werden.	☐ trifft zu ☐ trifft nicht zu ☐ noch zu prüfen
unterscheidbar	Das Angebot kann von keinem anderen Wettbewerber in dieser Form angeboten werden.	☐ trifft zu ☐ trifft nicht zu ☐ noch zu prüfen
vermittelbar	Das Angebot ist deutlich kommunizierbar und sichtbar für den Kunden.	☐ trifft zu ☐ trifft nicht zu ☐ noch zu prüfen

Tab. 16: Anforderungen an ein Alleinstellungsmerkmal (Quelle: vgl. Manager Magazin 2018)

Kritische Reflexion

Bedürfnisse, Wünsche und Präferenzen seitens der Kunden ändern sich, sodass Leistungspositionierungsverfahren wenig stabil im Hinblick auf ihre Positionierungskriterien sind. Insofern ist es für Unternehmen schwierig, Produkte oder Marken über einen längeren Zeitraum hinweg in einer bestimmten Position zu halten. Demzufolge sind u. U. permanente Strategieanpassungsprozesse erforderlich, um erreichte Positionierungen halten oder neue Positionierungen erreichen zu können. Das kann bei einigen Unternehmen, insbesondere bei kleinen oder mittelständischen Unternehmen, aufgrund ihrer häufig begrenzten personellen oder finanziellen Ressourcen an Grenzen stoßen.

Auch ist die Wahl einer Positionierungsstrategie kein Garant für den Unternehmenserfolg. So kann das Erreichen einer bestimmten Idealposition zwar ein anfänglich hohes Differenzierungspotenzial beinhalten; das Halten dieser Position kann jedoch mit enormen Anstrengungen bzw. kostenträchtigen Maßnahmen verbunden sein, wenn zunehmende »Angriffe« der Wettbewerber zu verzeichnen sind und ständige Gegenmaßnahmen zur »Verteidigung« umgesetzt werden müssen. Als problematisch kann sich eine Zielposition auch dann erweisen, wenn an der neuen, etwa durch Differenzierung erreichten Position nicht genügend Nachfrage vorhanden ist und sich das »Bearbeiten« dieser Zielgruppe als nicht mehr lohnend herausstellt.

Perspektiven

Positionierungsstrategien werden unter Berücksichtigung der Kundenperspektive abgeleitet. Im Zuge der Durchsetzung eines beziehungsorientierten Marketingverständnisses empfiehlt sich eine zunehmende Einbeziehung der Perspektiven weiterer relevanter Stakeholder. So könnten etwa Produktpositionierungsverfahren gerade auch unter dem Gesichtspunkt übergeordneter gesellschaftlicher und/oder ökologischer Anforderungen erweitert werden. Eine umfassendere Stakeholder-Integration bietet zum einen die Chance, eine stärkere Positionierung des gesamten Unternehmens auf dem Markt zu erarbeiten. Zum anderen kann auf diese Weise das Risiko der Abhängigkeit von einer einseitigen (nachfragerbasierten) Produktpositionierung reduziert werden.

3.2.2 Marktfeldstrategien

Grundgedanke

Die Grundlage aller marketingstrategischen Planungen besteht in der Entscheidung, mit welchen Produkten bzw. Leistungen welche Märkte (Teilmärkte) bedient werden sollen. Es geht also um die Festlegung des Leistungsprogramms und die Bestimmung der Zielmärkte mit dem Bestreben, die langfristige Erreichung unternehmerischer Wachstumsziele sicherzustellen.

Tools

Für Unternehmen, die insbesondere eine Wachstumsstrategie verfolgen wollen, bietet die von Ansoff (1966) entwickelte **Vier-Felder-Matrix** (auch Produkt-Markt-Matrix) wichtige Entscheidungshilfen. Mit diesem Tool lassen sich Marktfeldstrategien ableiten, die grundlegende Entscheidungen bezüglich der zu realisierenden Produkt-Markt-Kombinationen beinhalten (vgl. Tabelle 17).

Die einzelnen strategischen Stoßrichtungen bieten nun unterschiedliche Ansatzpunkte (vgl. Tabelle 18):

Kritische Reflexion

Die Ansoff-Matrix bietet eine Denkschablone, die eine einfache Ableitung von Strategiealternativen für die Unternehmenspraxis ermöglicht. Allerdings beschränken sich die Optionen primär auf wachsende Märkte. Gleichwohl sind einzelne Strategien, wie etwa die Marktentwicklungs- oder die Produktentwicklungsstrategie, auch auf stagnierenden Märkten relevant. Auch setzt die Fokussierung auf absatzorientierte Wachstumsstrategien voraus, dass Unternehmen über genügend Ressourcen verfügen, um derartige Strategien erfolgreich umsetzen zu können. Neben den Chancen, die Wachstumsstrategien zweifelsohne bieten, sind damit aber auch hohe Aufwendungen und unternehmerische Risiken verbunden.

Ein wesentlicher Kritikpunkt ist die einseitige Ausrichtung auf das Unternehmenswachstum bzw. die ökonomische Expansion. Das Wirtschaftswachstum der letzten Jahrzehnte hat zu negativen Begleiterscheinungen geführt, wie etwa steigende Belastung ökologischer Systeme oder zunehmende Ressourcenbeanspruchung.

Märkte / Produkte	gegenwärtig	neu
gegenwärtig	Marktdurchdringung	Marktentwicklung
neu	Produktentwicklung	Diversifikation

Tab. 17: Marktfeldstrategische Optionen (Quelle: Ansoff 1966, S. 132)

Strategische Optionen	Ansatzpunkte
Marktdurchdringungsstrategie (Ausschöpfen des Marktpotenzials vorhandener Produkte in bestehenden Märkten)	• Erhöhung der Verwendungsrate bei bestehenden Kunden (z. B. durch Schaffung neuer Anwendungsbereiche, Ausbau von Zusatznutzen, Verbesserung der Produktqualität) • Gewinnung bisheriger Nichtverwender (z. B. durch Warenprobenverteilung, Einschaltung neuer Vertriebskanäle) • Abwerbung von der Konkurrenz (z. B. durch Preisreduktionen, Verkaufsförderungsaktionen)
Marktentwicklungsstrategie (Aufdecken weiterer Marktchancen für bestehende Produkte auf neuen Märkten)	• Erschließung neuer Absatzmärkte durch geografische Ausdehnung (z. B. national oder international) • Gewinnung neuer Teilmärkte (z. B. durch auf neue Zielgruppen abgestimmte Produktanpassungen, Erweiterung der Produkteignung)
Produktentwicklungsstrategie (Entwicklung neuer Produkte auf bestehenden Märkten)	• Entwicklung von Produktinnovationen im Sinne echter Marktneuheiten (z. B. durch Anwendung neuer Technologien, Schaffung neuer Problemlösungen) • Erweiterung des Angebotsprogramms (z. B. durch zusätzliche Produktvarianten, zusätzliche Serviceangebote)
Diversifikationsstrategie (Ausrichtung der Unternehmensaktivitäten auf neue Produkte für neue Märkte)	• horizontale Diversifikation, d. h. Erweiterung des bestehenden Angebots um Erzeugnisse, die mit diesem sachlich verwandt sind (z. B. ein Pkw-Hersteller produziert nun auch Motorräder) • vertikale Diversifikation, d. h. Erweiterung der Wertschöpfungsebene in Richtung Beschaffung (Rückwärtsintegration, wenn z. B. ein Pkw-Hersteller nunmehr auch die Reifenproduktion übernimmt) und/oder in Richtung Absatz (Vorwärtsintegration, wenn z. B. ein Pkw-Hersteller bislang eigenständige Autohandelsbetriebe aufkauft) • laterale Diversifikation, d. h. Aufnahme von Leistungsangeboten, die in keinem Zusammenhang mit der bisherigen Unternehmenstätigkeit stehen (z. B. ein Pkw-Hersteller vertreibt Sonnenbrillen)

Tab. 18: Ansatzpunkte im Rahmen strategischer Optionen (Quelle: vgl. Meffert et al. 2015, S. 255 f.; Becker 2013, S. 149 ff.)

Perspektiven

Nachhaltige Wachstumskonzepte (**»Postwachstumsökonomie«-Konzepte),** die die Dringlichkeit betonen, den ausschließlichen Pfad des wirtschaftlichen Wachstums zu verlassen und stattdessen auch die Einbeziehung sozialer und ökologischer Belange in unternehmerische Strategieüberlegungen fordern, spielen für Unternehmen zukünftig eine bedeutende Rolle. Unternehmen agieren in einem zunehmend sensibleren und kritischeren gesellschaftlichen Umfeld. Wirtschaftliches Handeln unterliegt dabei nicht nur ökonomischen Zwängen, sondern in steigendem Maße auch gesellschaftlichem Legitimationsdruck (z. B. im Hinblick auf die ökologische oder soziale Problematik transnationaler Beschaffungsketten). Diese sozioökonomischen Entwicklungen erfordern eine stärkere Integration der relevanten Akteure (z. B. Menschenrechts- oder Umweltschutzorganisationen) und eine strategische Ausrichtung, die die Nachhaltigkeit als normatives Leitkonzept verstärkt einbezieht (vgl. hierzu Grunwald/Schwill 2017b).

3.2.3 Marktstimulierungsstrategien

Grundgedanke

Bei den Marktstimulierungsstrategien geht es um die Festlegung der Art und Weise, wie Unternehmen ihre Absatzmärkte steuern bzw. beeinflussen (stimulieren) wollen (vgl. hierzu Becker 2013, S. 179 ff.; Scharf et al. 2015, S. 219 ff.). Die grundsätzlichen Möglichkeiten der Marktbeeinflussung liegen zum einen im Preiswettbewerb und zum anderen im Qualitätswettbewerb.

Der klassische Preiswettbewerb zielt darauf ab, den Produktkauf bzw. die Dienstleistungsnachfrage durch einen möglichst niedrigen Preis anzuregen. Vorausgesetzt wird ein Markt, der gekennzeichnet ist durch Produkte mit Basisleistungen (Mindest- bzw. Standardqualität). Im Gegensatz dazu sind Märkte im Qualitätswettbewerb dadurch gekennzeichnet, dass Produkte neben den Basisleistungen auch Zusatzleistungen (z. B. hochwertige Inhaltsstoffe, attraktive Verpackungen) bieten. Durch derartige erweiterte Nutzenangebote sollen Kaufpräferenzen geschaffen und insgesamt Wettbewerbsvorteile erzielt werden.

Tools

Erste Ansatzpunkte zur Ableitung von Marktstimulierungsstrategien bietet das **Marktschichtenmodell**, wie es in Abbildung 18 dargestellt wird.

Die aus den Marktschichten abgeleiteten Abnehmerschichten – Markenkäufer und Preiskäufer – sind in den meisten entwickelten Märkten anzutreffen. Demzufolge bieten sich als grundsätzliche strategische Optionen die **Präferenz-Strategie** (Qualitätsstrategie) und die **Preis-Mengen-Strategie** (Discountstrategie) an. Beide Optionen werden in Tabelle 19 charakterisiert.

Neben diesen alternativen Marktstimulierungsstrategien bietet sich für Unternehmen auch die Möglichkeit einer Kombination beider Strategien an. Eine derartige **Hybrid-Strategie** empfiehlt sich allerdings nur dann, wenn die Leistungsangebote auf dem Markt klar abgegrenzt werden, d.h. eigenständige bzw. unverwechselbare Angebote bezüglich der relevanten Nachfragekriterien »Preis« und »Qualität« existieren. Die Realisierung simultaner Preis- und Qualitätsstrategien erfolgt in der Regel über sogenannte **Mehrmarken-Konzepte** (Multi-Branding), wie folgende Beispiele belegen:

- Waschmittelmarkt: Das Unternehmen Henkel bietet die Marke »Persil« im Qualitätssegment und »Spee« im Niedrigpreissegment an.
- Sektmarkt: Die Dr. Oetker Gruppe platziert die Marke »Fürst von Metternich« im Qualitätssegment und die Marke »Rüttgers Club« im Niedrigpreissegment.

Kritische Reflexion

Die grundsätzlichen Marktstimulierungsstrategien einschließlich ihrer Kombinationsmöglichkeiten sind unterschiedlich zu bewerten. Mit einer Präferenz-Strategie besteht die Chance, eine eigenständige Marktposition mit qualitativ hochwertigen Produkten und im Zuge dessen nachhaltige Leistungsvorteile gegenüber dem Wettbewerb aufzubauen. Allerdings erfordert diese Strategie einen hohen Mitteleinsatz und ist auch mit einem relativ hohen Marktrisiko verbunden. Demgegenüber können Märkte über eine Preis-Mengen-Strategie mit geringem Kommunikationsaufwand erobert und Erträge bei kostenoptimaler Fertigungsstruktur schnell eingefahren werden. Der Aufbau einer Markenpräferenz ist jedoch kaum möglich. Auch geraten Unternehmen aufgrund des Konkurrenzdrucks schnell in einen ruinösen Preiswettbewerb. Die gleichzeitige Verfolgung beider Strategien ermöglicht zwar die Gesamtabdeckung von Märkten, ist jedoch mit erheblichen Kosten verbunden. Zudem besteht im Falle einer Mehrmarken-Strategie das Risiko, dass die Qualitätsmarke durch die Niedrigpreismarke »gefressen«

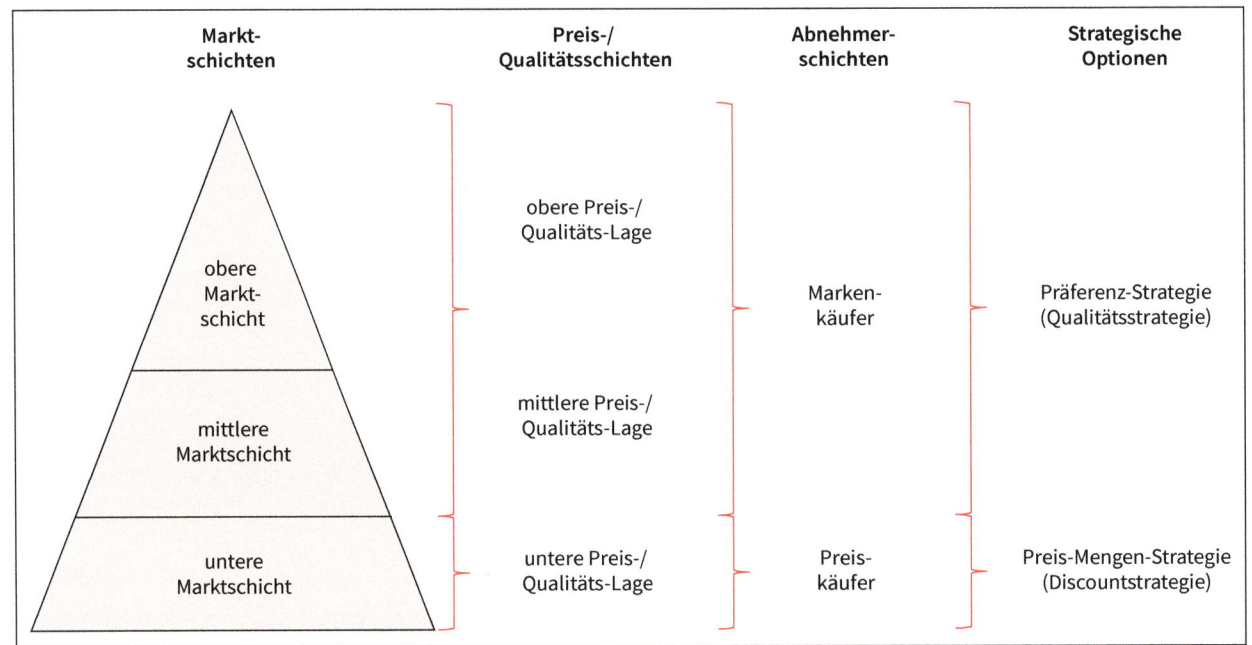

Quelle: vgl. Becker 2013, S. 181; Scharf et al. 2015, S. 220

Abb. 18: Idealtypischer Zusammenhang zwischen Marktschichten, Abnehmergruppen und strategischen Optionen

	Präferenz-Strategie (Qualitätsstrategie)	Preis-Mengen-Strategie (Discountstrategie)
Prinzip	Qualitätswettbewerb (Markenartikelkonzept)	Preiswettbewerb (Discountkonzept)
Ziel	Gewinn vor Umsatz/Marktanteil (Zielfokus: Umsatzrentabilität)	Umsatz/Marktanteil vor Gewinn (Zielfokus: Kapitalumschlag)
Charakteristik	Ausrichtung aller Marketingmaßnahmen auf die Erhöhung der subjektiv wahrgenommenen Produktqualität	einseitige Ausrichtung auf einen niedrigen Preis bei durchschnittlicher bzw. zufriedenstellender Produktqualität (Mindest-/Standardqualität)
Hauptzielgruppe	Markenkäufer (Marke/Qualität rangiert vor Preis)	Preiskäufer (Preis rangiert vor Marke/Qualität)
Wirkungsweise	»Langsam-Strategie«; Aufbau einer Marken-/Qualitätspräferenz dauert, dafür aber Chance einer dauerhaften Wirkung	»Schnell-Strategie«; Discountpreise schaffen schnell Nachfrage, aber Gefahr eines schnellen Verschleißes
dominanter Funktionsbereich	Marketing (Ertragsorientierung)	Produktion/Logistik (Kostenorientierung)
Produkt-/Servicepolitik	überdurchschnittliche Qualität, attraktive Verpackung, hohes Serviceniveau	Mindest-/ Standardqualität, rationelle Verpackung, lediglich Muss-Service
Preispolitik	hoher Preis	niedriger Preis
Kommunikationspolitik	imageorientierte Markenprofilierung, persönlicher Verkauf, starke Mediawerbung	geringe Kommunikationsaktivitäten, primär handelsgerichtete Verkaufsförderung
Distributionspolitik	Fachhandel	Discounter

Tab. 19: Grundlegende Merkmale der Marktstimulierungsstrategien (Quelle: vgl. Becker 2013, S. 231 f.; Scharf et al. 2015, S. 226)

wird, wenn keine klaren Qualitätsunterschiede wahrgenommen werden und Kunden eher auf das preisgünstige Angebot zurückgreifen (»Kannibalisierungseffekt«).

Perspektiven
Für Unternehmen ist es existenziell, Absatzmärkte klar zu stimulieren, entweder mit einer eindeutigen Präferenz- oder Preis-Mengen-Strategie oder aber mit einer unverwechselbaren Hybrid-Strategie. Angebote, die eine »Zwischen-den-Stühlen-Position« einnehmen und im Wesentlichen durchschnittliche Produktqualitäten mit durchschnittlichen Preisen zeigen, haben kein Differenzierungspotenzial und sind möglichst zu vermeiden. Unternehmen dürfen zukünftig aber weniger auf einen »Entweder-oder-Kunden« vertrauen, sondern müssen sich vielmehr auf einen »Sowohl-als-auch-Kunden« einstellen. Die zunehmende Digitalisierung und die damit verbundene Verschmelzung von Online- und Offline-Angeboten zu einem hybriden Konsumraum eröffnen Kunden nicht nur vielfältige Angebotskanäle, sondern motivieren sie auch zu einem wechselnden Nachfrageverhalten. Aufgrund dieser Unberechenbarkeit des Verbraucherverhaltens müssen Unternehmen perspektivisch mehr denn je in der Lage sein, Stimulierungskonzepte zu realisieren, die sich auf veränderte Verhaltensweisen flexibel einstellen können.

3.2.4 Marktsegmentierungsstrategien

Grundgedanke
Absatzmärkte sind häufig dadurch gekennzeichnet, dass Unternehmen mit einer steigenden Anzahl an Angeboten auf Nachfrager mit zunehmend differenzierteren Bedürfnissen, Wünschen und Erwartungen treffen. Um in einem immer weniger überschaubaren Gesamtmarkt die Frage zu klären, welche einzelnen Märkte (Teilmärkte) eine in sich homogene Einheit bilden oder ob es wohl abgrenzbare Gruppen von Marktteilnehmern gibt, ist eine Segmentierungsanalyse notwendig. Sie richtet ihren Blick auf die Marktteilnehmer (z. B. Kunden) und beschreibt diese zunächst anhand von Merkmalen (z. B. Bedürfnisse, Einstellungen), durch die sich diese in möglichst trennscharfe Gruppen einteilen lassen. Die zur Einteilung (Segmentierung, Gruppierung, Clusterung) verwendeten Beschreibungsmerkmale werden Segmentierungskriterien genannt. Die sich durch Segmentierung ergebenden Gruppen von Marktteilnehmern, die in sich möglichst ähnlich (intern homogen) und untereinander möglichst unähnlich (extern heterogen) sein sollen, werden Segmente genannt (z. B. Markt-, Käufer-, Kundensegmente). Die Grundidee der **Marktsegmentierung** wird in Abbildung 19 visualisiert.

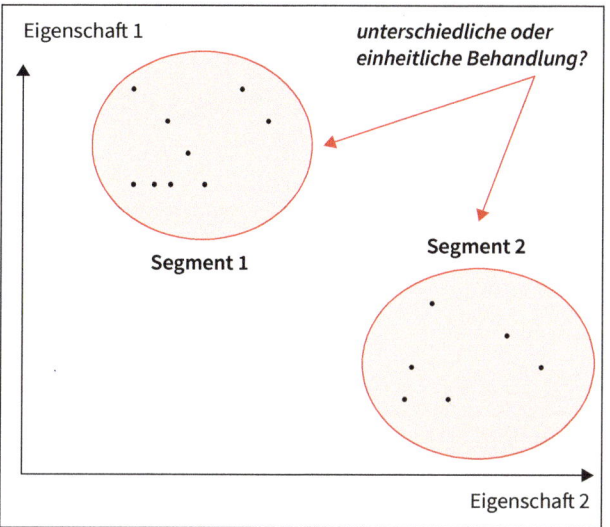

Quelle: Grunwald/Hempelmann 2017, S. 243

Abb. 19: Grundidee der Marktsegmentierung

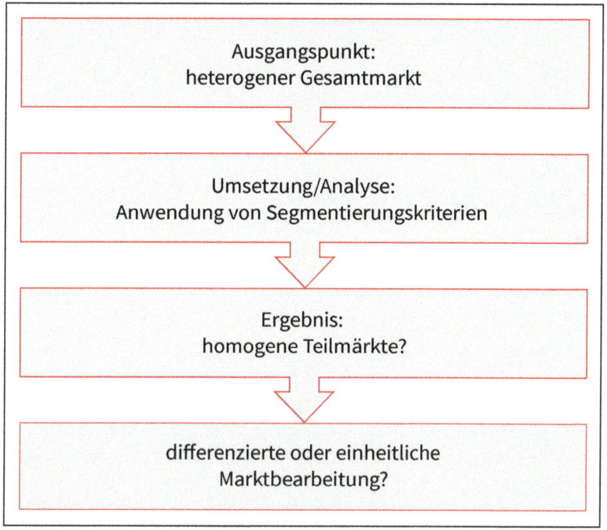

Quelle: Grunwald/Hempelmann 2017, S. 244

Abb. 20: Ablaufschritte der Marktsegmentierung

Tools

Zur Durchführung einer Marktsegmentierung bietet sich folgender, in Abbildung 20 illustrierter Ablauf an.

Ausgangspunkt ist der heterogene Gesamtmarkt. Das Ziel muss nun darin bestehen, »die Spreu vom Weizen« zu trennen, d. h. Marktsegmente zu identifizieren, die für Unternehmen mehr oder weniger profitabel sind. Dazu ist im nächsten Schritt eine Segmentierungsanalyse notwendig, um homogene Teilmärkte zu erhalten und um die dort vorzufindenden Kundensegmente genauer beschreiben zu können. Die entscheidende Kernfrage lautet dabei: Welche Kriterien sind geeignet, um die unterschiedlichen Marktsegmente sinnvoll zu bilden? Die folgenden Tabellen 20 und 21 zeigen Beispiele auf, nach welchen Kriterien B2C- und B2B-Märkte im Allgemeinen aufgeteilt werden können.

Informationen zu den Segmentierungskriterien können aus Befragungen sowie auch aus Beobachtungen oder aus der sekundären Marktforschung abgeleitet werden (z. B. Untersuchungsergebnisse, die in Fachzeit-

Demografische Kriterien	Psychografische Kriterien	Marketinginstrumente-bezogene Kriterien

• Geschlecht
• Familien-Lebenszyklus
  – Alter
  – Familienstand
  – Haushaltsgröße
  – Haushaltsstruktur
• soziale Schicht
  – Bildung
  – Beruf
  – Einkommen
  – Werteorientierung
  – Subkultur
• geografische Merkmale
  – Wohnortsgröße
  – Region
  – Kaufkraftniveau
  – Stadt/Land
  – Infrastrukturdichte
	• Persönlichkeitsmerkmale
	  – soziale Orientierung
	  – Risikofreude/-scheu
	  – Entscheidungsverhalten
	• Lifestyle, geprägt durch
	  – Werte
	  – Aktivitäten
	  – Interessen
	  – Meinungen
		• Produktebene
		  – Qualitäts-/Markenorientierung
		  – Ver- bzw. Gebrauchsintensität
		  – Verbundkaufverhalten
		  – Anbieterloyalität
		• Preisebene
		  – Preisorientierung/-bewusstsein
		  – Preisschwellen
		  – Bonität
		• Distributionsebene
		  – Einkaufsstättenpräferenzen
		  – Online-/Offline-Affinität
		  – Distributorloyalität
		• Kommunikationsebene
		  – Informationsquellen
		  – Informationssuchverhalten
		• Personenebene
		  – Qualifikationsniveau
		  – Service-Orientierung

Tab. 20: Ausgewählte Segmentierungskriterien in B2C-Märkten (Quelle: vgl. Kreutzer 2013, S. 194)

Erfassung der Merkmale	Merkmale der Nachfragerorganisation	
	allgemeine Merkmale	kaufspezifische Merkmale
direkt beobachtbar	• **organisationsbezogene Merkmale** Unternehmensgröße, Organisationsstruktur, Standort, Betriebsform etc. • **Buying-Center-bezogene Merkmale** demografische und sozioökonomische Merkmale der Buying-Center-Mitglieder (z. B. Ausbildung, Alter, Stellung und Funktion im Unternehmen)	• **organisationsbezogene Merkmale** Abnahmemenge, Abnahmezyklus, Anwendungsbereich der nachgefragten Leistung, Marken-/Lieferantentreue, Neu-/Wiederholungskauf, Verwenderbranche, Letztverwendersektor • **Buying-Center-bezogene Merkmale** Größe und Struktur des Buying Centers
indirekt beobachtbar/ abgeleitet	• **organisationsbezogene Merkmale** Unternehmensphilosophie, Zielsystem des Unternehmens • **Buying-Center-bezogene Merkmale** Persönlichkeitsmerkmale der Buying-Center-Mitglieder (z. B. Know-how, Risikoneigung, Entscheidungsfreudigkeit, Selbstvertrauen, Durchsetzungsfähigkeit)	• **organisationsbezogene Merkmale** organisatorische bzw. unternehmensspezifische Beschaffungsregeln • **Buying-Center-bezogene Merkmale** Kaufmotive, individuelle Zielsysteme, Anforderungsprofile, Entscheidungsregeln der Kaufbeteiligten, Präferenzen, Einstellungen/Erwartungen gegenüber Produkt und Lieferanten

Tab. 21: Ausgewählte Segmentierungskriterien in B2B-Märkten (Quelle: vgl. Backhaus/Voeth 2014, S. 123)

schriften veröffentlicht oder von Interessenorganisationen zur Verfügung gestellt werden). Zudem gibt es eine Reihe an »fertigen« Zielgruppenbeschreibungen. Populär sind beispielsweise die vom Sinus-Institut ermittelten Gesellschafts- und Zielgruppentypologien, die sogenannten **Sinus-Milieus®**. Sie gruppieren Menschen in »Gruppen Gleichgesinnter« entlang der Dimensionen »soziale Lage« und »normative Grundorientierung« (siehe hierzu Sinus o. J.).

Nach der Bildung und Beschreibung der Marktsegmente sind im letzten Schritt die Möglichkeiten der strategischen Marktbearbeitung abzuklären. Zu prüfen ist, ob eine Marktsegmentierungsstrategie (differenzierte Marktbearbeitung, »Scharfschützen-Konzept«) oder eine Massenmarktstrategie (undifferenzierte Marktbearbeitung, »Schrotflinten-Konzept«) verfolgt werden soll (vgl. Becker 2013, S. 290).

Im Rahmen der **Marktsegmentierungsstrategie** erfolgt die Versorgung des Marktes mit unterschiedlichen Produkten, Serviceleistungen, über unterschiedliche Vertriebskanäle, mit unterschiedlicher Kommunikation und/oder zu unterschiedlichen Preisen. Im Gegensatz dazu wird bei der **Massenmarktstrategie** versucht, eine möglichst große Anzahl von Kunden über Standardprodukte zu erreichen (vgl. Grunwald/Hempelmann 2017, S. 250). Diese strategische Option bietet sich zum einen in Konsumgütermärkten vor allem bei der Vermarktung sogenannter **Low-Involvement-Produkte** (auch Low-Interest-Produkte) an. Hierzu zählen Produkte des täglichen Bedarfs (»Convenience Goods«) wie Verbrauchsgüter (z. B. Seife, Toilettenpapier) oder auch niedrigpreisige Gebrauchsgüter (z. B. Glühbirnen, USB-Sticks). Zum anderen ist eine Massenmarktstrategie auch im Investitionsgüterbereich empfehlenswert, wenn Standardprodukte (z. B. Schrauben, Lacke) für den anonymen Massenmarkt angeboten werden (vgl. Scharf et al. 2015, S. 228).

Zur Wahl der geeigneten Segmentierungsstrategie kann Tabelle 22 eine grundlegende Entscheidungshilfe liefern.

Erfolgt eine – zumindest in den meisten Fällen – zutreffende Einschätzung seitens des Unternehmens, dürfte eine Marktsegmentierungsstrategie relevant sein (ansonsten eher nicht). Die endgültige Entscheidung ist insgesamt abhängig von den unternehmensspezifischen Gegebenheiten (Unternehmensziele, Ressourcenausstattung, Risikoeinschätzung etc.) und den situativen Besonderheiten (Konkurrenzsituation, Möglichkeiten zur Abschottung von Teilmärkten) (vgl. Grunwald/Hempelmann 2017, S. 251).

Kritische Reflexion

Marktsegmentierungsüberlegungen sind im Marketing heutzutage obligatorisch. Sie zählen zu den zentralen marketingstrategischen Entscheidungsbereichen, da heutige Märkte kaum noch erfolgreich bearbeitet werden können, wenn nicht auf einzelne Marktsegmente bzw. Kundengruppen spezifisch eingegangen wird. Selbst bei Massenprodukten wird zunehmend auf (vermeintlich) kundenindividuelle Anforderungen eingegangen, um sich – zumindest teilweise – von anderen Massengütern oder Anbietern abheben zu können. Ob allerdings – um es an einem Beispiel zu problematisieren – mehr als dreißig verschiedene Sorten Toilettenpapier zwei-, drei- oder vierlagig mit zwei, vier, acht oder zehn und mehr Rollen in zudem unterschiedlichen Farben angeboten werden

Die Marktsegmentierungsstrategie empfiehlt sich dann, wenn …	Unternehmensindividuelle Bewertung
es möglich ist, die unterschiedlichen Käuferwünsche aufzudecken.	☐ trifft zu ☐ trifft nicht zu
Märkte vor allem nach kaufrelevanten Merkmalen unterschieden werden können.	☐ trifft zu ☐ trifft nicht zu
es genügend homogene Märkte gibt, die es zu bearbeiten lohnt.	☐ trifft zu ☐ trifft nicht zu
für die differenzierte Marktbearbeitung genügend interne Ressourcen (z. B. personelle, finanzielle, organisatorische, technische) vorhanden sind.	☐ trifft zu ☐ trifft nicht zu
kundenindividuelle Problemlösungsangebote existieren, die in der Lage sind, sich im Markt zu profilieren und vom Wettbewerber zu differenzieren.	☐ trifft zu ☐ trifft nicht zu
kundenindividuelle Problemlösungsangebote existieren, die die Kundenbindung fördern.	☐ trifft zu ☐ trifft nicht zu
mit dem Leistungsangebot unterschiedliche Segmente bedürfnisgerecht bedient werden können.	☐ trifft zu ☐ trifft nicht zu
durch segmentspezifische Angebote dem Preiswettbewerb weitgehend ausgewichen werden kann.	☐ trifft zu ☐ trifft nicht zu
neue Preisspielräume durch differenzierte Zielgruppenansprache geschaffen werden können.	☐ trifft zu ☐ trifft nicht zu
grundsätzlich segmentspezifische Marketingmaßnahmen umgesetzt werden können.	☐ trifft zu ☐ trifft nicht zu

Tab. 22: Checkliste zur Einschätzung der Eignung einer Marktsegmentierungsstrategie

sollen, soll hier nicht beantwortet werden. Vielmehr ist die Frage zu stellen, ob eine derartige »inflationäre Differenzierungspolitik« mit der damit verbundenen Gefahr der »Übersegmentierung« (»Oversegmentation«) vor allem unter ökologischen Gesichtspunkten noch zu rechtfertigen ist. Problematisch ist bei der Umsetzung der Marktsegmentierungsstrategie zudem die nicht zu unterschätzende Belastung der Kostenstrukturen (z. B. steigende Marktforschungskosten, Produktionskosten oder Organisationskosten), wenn differenzierte Märkte zu bearbeiten sind – vor allem Märkte, die zudem einem ständigen Wandel unterliegen und auf denen infolgedessen permanente Anpassungsmaßnahmen erforderlich sind. Ein generelles Problem besteht bei Marktsegmentierungsüberlegungen nicht zuletzt in der Rentabilität neu zu bearbeitender Segmente, insbesondere dann, wenn die zeitliche Stabilität dieser Segmente nicht prognostiziert werden kann.

Perspektiven
Zukünftig wird es für Unternehmen zunehmend darauf ankommen, verlässliches Datenmaterial zu erhalten, um für sie attraktive Marktsegmente identifizieren zu können. Vor allem ist zu recherchieren und einzuschätzen, ob diese Segmente für das Unternehmen auch langfristig profitabel sind.

Dazu werden Unternehmen im Zuge der zunehmenden Digitalisierung vermehrt auch im Rahmen ihrer Segmentierungsüberlegungen mit immer größer werdenden Datenmengen konfrontiert werden. Leistungsfähige Big-Data-Software, die vor allem in der Lage ist, unstrukturierte marktrelevante Daten (beispielsweise aus sozialen Netzwerken) schnell zu verarbeiten und zu analysieren, wird dabei eine bedeutendere Rolle im Rahmen des Entscheidungsfindungsprozesses für die Wahl der zu bearbeitenden Marktsegmente spielen. Aber auch die Bearbeitung der Segmente selbst wird ohne Berücksichtigung digitaler Trends nicht möglich sein. Moderne Konzepte erlauben es, Märkte so stark zu fragmentieren, dass selbst in Massenmärkten individualisierte Produktangebote unterbreitet werden können (»Segment of One Approach« oder individuelle Marktsegmentierung). So können beispielsweise über den Open-Innovation-Ansatz (vgl. dazu Kapitel 4.1) Kunden bereits in den Produktentwicklungsprozess eingebunden werden, sodass kundenindividuelle Produkte hergestellt werden können.

3.2.5 Marktarealstrategien

Grundgedanke

Gegenstand der Marktarealstrategien sind Entscheidungen über die räumliche Expansion bzw. die zukünftig zu bearbeitenden Markträume. Generelle Ansatzpunkte werden in der Abbildung 21 dargestellt.

Die Entscheidung für die Erweiterung geografischer Absatzgebiete ergibt sich vor allem aus dem zunehmenden Wettbewerb von Produkten nationaler und internationaler Herkunft. Kunden können ihre Produkte im Rahmen digitaler Beschaffungswege quasi »von jedem Ort der Welt« beziehen, sodass Ländergrenzen kaum eine Rolle mehr spielen. Das Marketing ist demzufolge arealstrategisch auszurichten, um weiterhin wettbewerbsfähig zu bleiben oder unternehmerischen Wachstumsstrategien Rechnung zu tragen (vom »local hero« zum »global player«). Aufgrund der zunehmenden Bedeutung der internationalen Ausrichtung von Unternehmen fokussieren die folgenden Tools auf länderübergreifende Marktarealstrategien.

Tools

Bei der Auswahl der zu bearbeitenden ausländischen Zielmärkte ist zunächst grundlegend zu klären, welche Märkte generell infrage kommen. Zur Entscheidungsfindung sind umfangreiche Marktrecherchen erforderlich. Bevor eventuell eigene Marktforschungsbemühungen (Primärforschung) unternommen werden, ist es empfehlenswert, vorab im Rahmen der Sekundärmarktforschung hilfreiche Quellen zu recherchieren. Neben den von kommerziellen Anbietern (wie z. B. GENIOS, Marktforschungsinstitute) zur Verfügung gestellten Ländermarktinformationen gibt es auch eine Vielzahl an deutschen und internationalen nichtkommerziellen bzw. halbkommerziellen Informationsquellen. Einige Beispiele finden sich in Tabelle 23.

Die gewonnenen Daten bzw. Informationen sind nun zu bewerten, um relevante Ländermärkte auswählen zu können. Als **Verfahren der Ländermarktselektion** bieten sich u. a. Checklisten- und Punktbewertungsverfahren an, wie sie in den Tabellen 24 und 25 dargestellt werden.

Gemäß der **Checkliste** kann die Ländermarktattraktivität (bei Vorliegen von z. B. sehr guten oder guten Bedingungen) bzw. das Ländermarktrisiko (bei Vorliegen von etwa schlechten oder sehr schlechten Bedingungen) eingeschätzt werden.

Beim **Punktbewertungsverfahren** (Scoring-Verfahren) werden die Faktoren der Makro- und Mikroumwelt

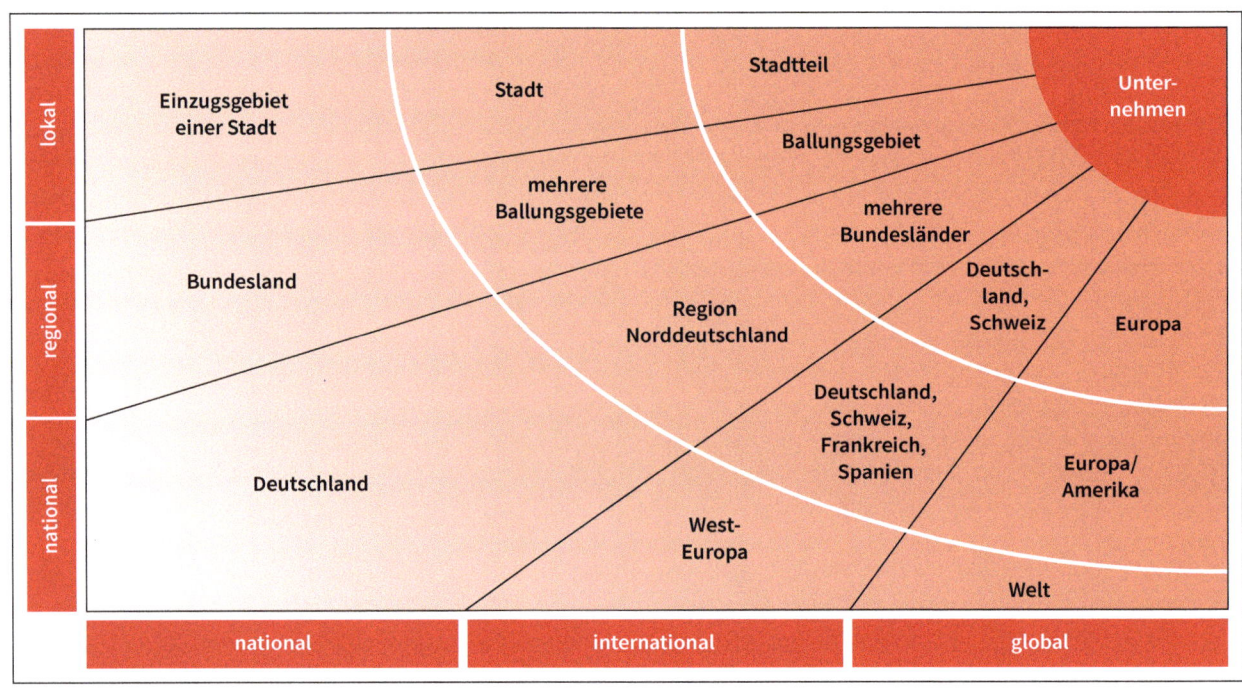

Quelle: Kreutzer 2013, S. 206

Abb. 21: Entscheidungsfelder der Marktarealstrategie

gewichtet, um so eine Rangfolge der Faktoren zu ermöglichen bzw. der unterschiedlichen Bedeutung einzelner Faktoren Rechnung zu tragen (vgl. Tabelle 25).

Ausgewählte deutsche Informationsquellen	Ausgewählte internationale Informationsquellen
Außenhandelskammern (AHK) www.ahk.de	Beratungsstellen der Europäischen Union, Brüssel (EU) sowie Statistisches Amt der Europäischen Union, Luxembourg (Eurostat) https://ec.europa.eu/eurostat/de/home
Auswärtiges Amt (AA) www.auswaertiges-amt.de	European Investment Bank (EIB) www.eib.org
Bundesagentur für Außenwirtschaft (bfai) http://www.gtai.de/GTAI/Navigation/DE/welcome.html	International Monetary Fund (IMF) www.imf.org
Industrie- und Handelskammern (IHK) www.ihk.de	Internationale Handelskammern www.iccwbo.org
Ostasiatischer Verein e. V. www.oav.de	Vereinte Nationen (UN) www.un.org
Statistisches Bundesamt (Stat. BA) www.destatis.de	World Trade Organisation (WTO) www.wto.org

Tab. 23: Ausgewählte deutsche und internationale nichtkommerzielle bzw. halbkommerzielle Informationsquellen (Quelle: vgl. hierzu Berndt et al. 2016, S. 76 f.)

Relevante Umweltfaktoren	Land A	Land B	Land C
Faktoren der Makroumwelt			
• politische Umwelt			
– innenpolitische Stabilität	3	4	2
– außenpolitische Stabilität	4	3	2
– ...			
• rechtliche Umwelt			
– Rechtssicherheit bei Verträgen	3	3	2
– Regelungen bzgl. des Markteintritts	1	4	3
– ...			
• wirtschaftliche Umwelt			
– Bruttosozialprodukt	2	2	2
– Inflationsrate	3	3	2
– Organisation der Kapitalmärkte	3	3	2
• sozio-kulturelle Umwelt			
– Einstellung gegenüber der Arbeit	2	5	3
– Einstellung gegenüber technologischen Neuerungen	3	4	3
– ...			

Relevante Umweltfaktoren	Land A	Land B	Land C
Faktoren der Mikroumwelt			
• Marktvolumen	4	3	2
• Marktwachstum	3	2	2
• Marktstruktur	3	3	2
• Konkurrenzintensität	2	2	4
• Beschaffungssicherheit	3	4	3
• ...			
Gesamtwert	**39**	**45**	**34**
Möglichkeiten der Bewertung: 1 = sehr gute Bedingungen 2 = gute Bedingungen 3 = mittlere Bedingungen 4 = schlechte Bedingungen 5 = sehr schlechte Bedingungen Auswahl: Ländermarkt mit niedrigstem Gesamtwert			

Tab. 24: Beispiel einer Checkliste als Hilfestellung bei der Ländermarktselektion (Quelle: vgl. Kutschker/Schmid 2011, S. 965)

Relevante Umweltfaktoren	Gewichtung (G)	Land A		Land B	
		Bewertung (B)	gewichtete Bewertung (G x B)	Bewertung (B)	gewichtete Bewertung (G x B)
Faktoren der Makroumwelt	0,45				
• politische Umwelt	0,05	4	0,2	6	0,3
• rechtliche Umwelt	0,10	4	0,4	5	0,5
• wirtschaftliche Umwelt	0,20	5	1,0	6	1,2
• sozio-kulturelle Umwelt	0,10	4	0,4	4	0,4
Faktoren der Mikroumwelt	0,55				
• Marktvolumen	0,20	3	0,6	7	1,4
• Marktwachstum	0,15	4	0,6	5	0,75
• Marktstruktur	0,05	5	0,25	6	0,3
• Konkurrenzintensität	0,10	6	0,6	4	0,4
• Beschaffungssicherheit	0,05	5	0,25	5	0,25
Summe	1		4,3		5,5

Möglichkeiten der Bewertung:
10 = sehr gut
bis
0 = ungenügend
Auswahl: Ländermarkt mit dem höchsten gewichteten Punktwert

Tab. 25: Beispiel eines Punktbewertungsverfahrens als Hilfestellung bei der Ländermarktselektion (Quelle: vgl. Kutschker/Schmid 2011, S. 967)

Sind die attraktiven Ländermärkte ermittelt, ist im nächsten Schritt zu klären, welche **Markteintrittsstrategie** zu verfolgen ist. Einen grundlegenden Ansatzpunkt liefert das **EPRG-Modell** von Perlmutter (1969, S. 9 ff.). EPRG steht als Abkürzung für **e**thnozentrische, **p**olyzentrische, **r**egiozentrische und **g**eozentrische Ausrichtung internationaler Aktivitäten. Die Charakteristika der strategischen Grundorientierungen bzw. Marketingansätze sind in Tabelle 26 zusammengefasst.

In Anlehnung an die Basisoptionen nach dem EPRG-Modell lassen sich für die Unternehmenspraxis relevante Strategien für die internationale Expansion ableiten. Je nachdem, wie hoch beispielsweise der Anteil des eingesetzten Kapitals sowie des Managements zur Durchführung der Strategie im Stammland oder im Gastland ist, können gemäß Abbildung 22 folgende typische Markteintrittsstrategien unterschieden werden (vgl. hierzu auch Berndt et al. 2016, S. 167 ff.).

Die einfachste Möglichkeit, Beziehungen zu ausländischen Märkten aufzunehmen, besteht im **Export.** Der Verkauf der im Stammland hergestellten Produkte erfolgt außerhalb des Landes. Den Markteintritt per Exportstrategie verfolgen im Wesentlichen ethnozentrisch orientierte Unternehmen.

Bei der **Lizenzvergabe** (Lizenzierung) hingegen liegt eine Form des Markteintritts bei Auslandsproduktion vor. Ein Lizenzgeber (z. B. Unternehmen im Heimatland) erlaubt einem Lizenznehmer (Unternehmen im Ausland) gegen Entgelt die Nutzung von Patenten, Gebrauchsmustern, Warenzeichen etc. oder auch eines bestimmten ungeschützten Know-hows (z. B. Spezialkenntnisse, Erfahrungen). Der Lizenznehmer erhält dann das Recht, die Güter zu produzieren und zu vermarkten.

Eine weit verbreitete Internationalisierungsstrategie ist das **Franchising.** Dieser Ansatz beinhaltet ein auf Partnerschaft basierendes Vertriebssystem zwischen einem Franchisegeber (z. B. Unternehmen im Stammland) und einem Franchisenehmer (z. B. Unternehmen im Ausland). Dabei räumt der Franchisegeber dem Franchisenehmer gegen eine Gebühr das Recht ein, sein Geschäftskonzept zu nutzen. Populäre Beispiele finden sich etwa im Fast-Food-Bereich (z. B. McDonald's und Subway) oder im Touristikbereich (z. B. TUI-Reisebüros).

Insbesondere im Auslandsgeschäft sind **Joint Ventures** üblich. Bei dieser Kooperationsform gründen zwei oder mehrere rechtlich und wirtschaftlich selbstständige Partner ein gemeinsames neues Unternehmen, wobei einer der Geschäftspartner seinen Sitz im Ausland hat. Die kooperierenden Unternehmen beteiligen sich mit

Strategieorientierung und Marketingansatz	Beschreibung
ethnozentrische Orientierung/Ansatz des internationalen Marketings	• Übertragung von Strategien aus dem Heimatland auf Auslandsmärkte • Steuerung des jeweiligen Auslandsmarktes vom Heimatmarkt aus • Besetzung von Schlüsselpositionen in Zielmärkten durch Manager aus dem Heimatland • weitgehend unveränderte Übertragung bzw. Umsetzung eines im Heimatland erfolgreichen Leistungsangebotes bzw. Marketingkonzepts
polyzentrische Orientierung/Ansatz des multinationalen Marketings	• differenzierte Auslandsmarktbearbeitung durch Berücksichtigung der Verschiedenartigkeit der Ländermärkte • Besetzung von Führungspositionen im jeweiligen Auslandsmarkt mit lokalen Mitarbeitern • Übertragung der Entscheidungskompetenz bei Verantwortlichen in ausländischen Zielmärkten • Entwicklung oder zumindest Anpassung von Leistungsangeboten für ausländische Zielmärkte
regiozentrische Orientierung/Ansatz des regiozentrischen Marketings	• Zusammenfassung von Auslandsmärkten zu Ländergruppen (Regionen) • einheitliche Bearbeitung von Auslandsmärkten innerhalb einer Region • Besetzung von Führungspositionen mit ausgewählten Mitarbeitern aus der Region • Entwicklung oder zumindest Anpassung von Leistungsangeboten für die Ländergruppen (Regionen)
geozentrische Orientierung/Ansatz des globalen Marketings	• Ausrichtung an länderübergreifenden, globalen Zielgruppen • einheitliche Auslandsmarktbearbeitung ohne Dominanz eines Landes (z. B. des Heimatmarktes) • weltweite Rekrutierung von Führungskräften • Entwicklung von Leistungsangeboten für globale Marktsegmente

Tab. 26: EPRG-Modell nach Perlmutter (Quelle: vgl. Perlmutter 1969, S. 9 ff.; Roemer 2014, S. 217)

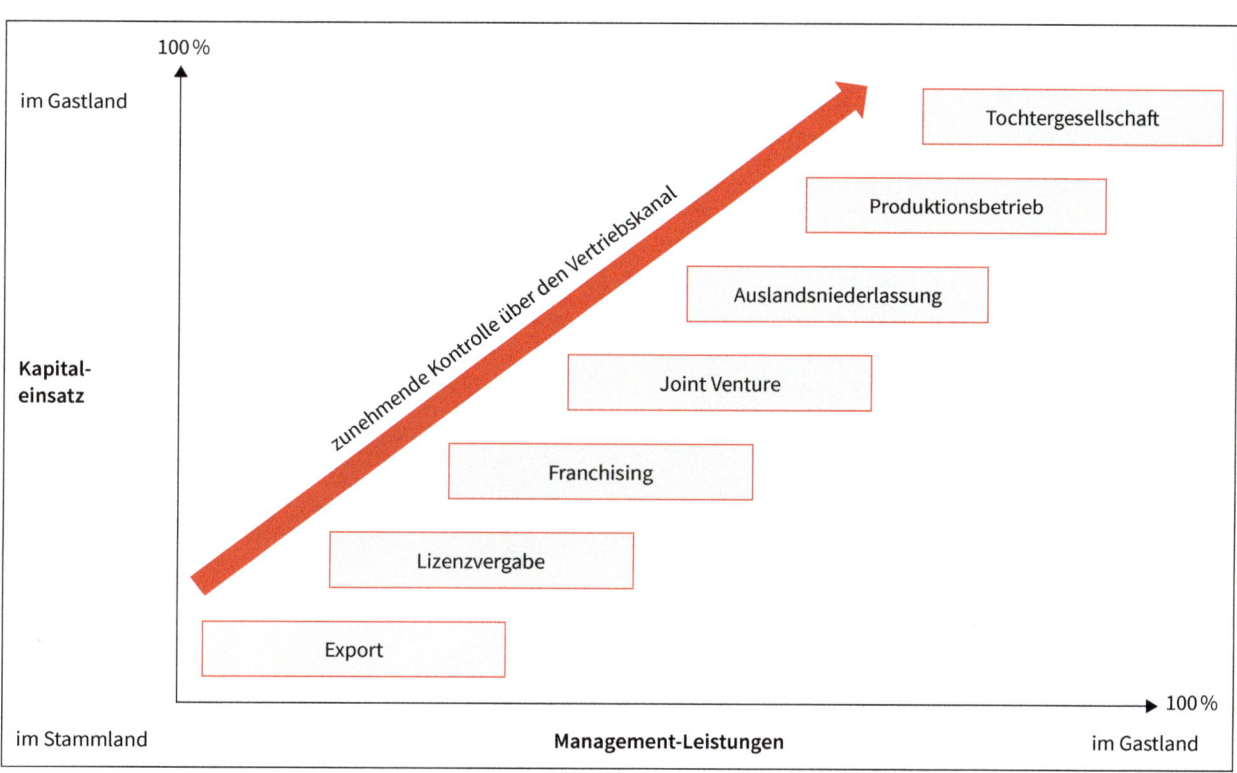

Quelle: Müller/Gelbrich 2004, S. 725

Abb. 22: Strategien für die internationale Expansion

ihren Ressourcen. Die Risiko- und Gewinnverteilung sowie die Verteilung der jeweiligen Entscheidungsbefugnisse erfolgen je nach Höhe der Kapitalbeteiligung.

Beim Aufbau einer eigenen **Produktionsniederlassung** und einer eigenen **Tochtergesellschaft** handelt es sich um langfristige Engagements im ausländischen Zielmarkt. Die Gründung einer Tochtergesellschaft stellt dabei die ausgeprägteste Form der Internationalisierung dar. Die Auslandstochtergesellschaft ist zwar ein rechtlich selbstständiges Unternehmen; sie wird aber im Falle einer hundertprozentigen Tochtergesellschaft von dem übergeordneten Heimatlandunternehmen auch zu 100 Prozent kontrolliert. Bei der Marktbearbeitung durch Tochtergesellschaften liegt eine polyzentrische Orientierung vor.

Neben der Wahl der Markteintrittsform müssen Unternehmen zudem über das Timing des internationalen Markteintritts entscheiden (vgl. hierzu Berndt et al. 2016, S. 183 ff.). Folgende Teilentscheidungen sind zu treffen:

- **länderübergreifende Timing-Strategie,** d.h., es ist die zeitliche Abfolge der zu bearbeitenden Ländermärkte festzulegen;
- **länderspezifische Timing-Strategie,** d.h., es sind Entscheidungen über das zeitliche Vorgehen beim Eintritt in einen ausländischen Zielmarkt zu fällen.

Wichtige länderübergreifende Timing-Strategien sind die Wasserfallstrategie und die Sprinklerstrategie. Die **Wasserfallstrategie** zeichnet sich dadurch aus, dass neue Auslandsmärkte nacheinander erschlossen bzw. bearbeitet werden. So kann etwa zunächst ein Auslandsmarkt, welcher dem Heimatmarkt am ähnlichsten ist, erschlossen werden. Anschließend werden sukzessive weitere Auslandsmärkte bearbeitet, wobei dann auch aufgrund steigender Auslandserfahrungen die Verschiedenartigkeit der Ländermärkte zunehmen kann. Abbildung 23 illustriert die Wasserfallstrategie.

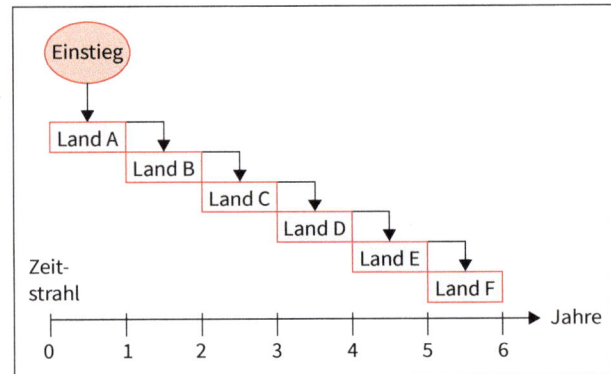

Quelle: Backhaus/Voeth 2013, S. 106

Abb. 23: Wasserfallstrategie

Bei der **Sprinklerstrategie** werden in einer kurzen Zeit alle ausgewählten Auslandsmärkte erschlossen. Diese Strategie bietet sich auf Märkten an, die durch kurze Produktlebenszyklen und hohen Wettbewerbsdruck gekennzeichnet sind (z. B. Halbleiter, Computer). Unternehmen müssen in diesem Fall ihre Produkte auf vielen Märkten vertreiben, um vor allem die meist hohen Entwicklungskosten schnell wieder »reinzuholen«. In Abbildung 24 ist die Sprinklerstrategie grafisch dargestellt.

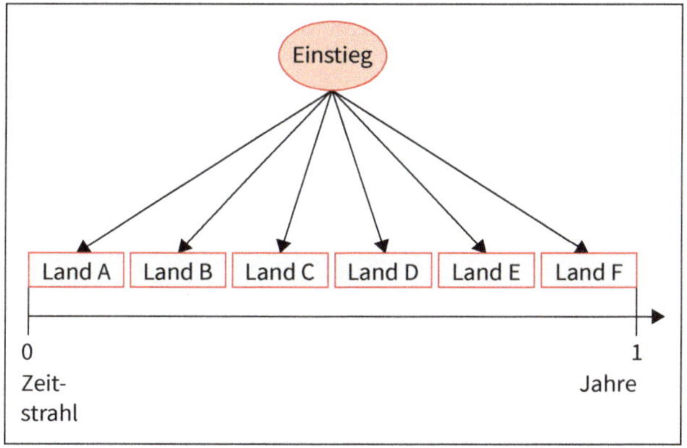

Quelle: Backhaus/Voeth 2013, S. 111

Abb. 24: Sprinklerstrategie

Welche der skizzierten länderübergreifenden Timing-Strategien für ein Unternehmen geeignet ist, kann unter Berücksichtigung der in Tabelle 27 aufgeführten Einflussfaktoren abgeleitet werden.

Bei den länderspezifischen Timing-Strategien stehen zwei Grundtypen zur Wahl: die Pionier- sowie die Folgerstrategie. Während bei der **Pionierstrategie** das Unternehmen im Gegensatz zur Konkurrenz als erster Anbieter in den Auslandsmarkt eintritt, erfolgt der Markteintritt im Rahmen der **Folgerstrategie** später, d. h., das Unternehmen tritt erst nach dem Pionier in den Auslandsmarkt ein.

Unter Zuhilfenahme der in Tabelle 28 zusammengefassten Einflussfaktoren können Entscheidungen abgeleitet werden, die die Auswahl länderspezifischer Timing-Strategien erleichtern.

Kritische Reflexion

Mit der Globalisierung der Märkte sind Unternehmen vielfach dazu gezwungen, ihr Marketing demzufolge auch länderübergreifend auszurichten, um ihre Wettbewerbsfähigkeit zu erhalten. Die Vorteile internationaler bzw. globaler Aktivitäten liegen vor allem in der Realisierung von Kostenvorteilen durch Größendegressions- und Erfahrungskurveneffekte, in der Möglichkeit, Produktle-

Einflussfaktoren	Strategie	
	Wasserfall	Sprinkler
unternehmensinterne Faktoren		
• geringe Ressourcenausstattung	+	-
• geringe Risikoneigung	+	-
• geringe Auslandserfahrung	+	-
• begrenzte zeitliche Stabilität eines Wettbewerbsvorteils	-	+
unternehmensexterne Faktoren		
• marktbezogene Faktoren		
– hohe rechtliche Markteintrittsbarrieren	+	-
– hohe Markteintrittskosten	+	-
– geringe Gleichartigkeit der Nachfragerbedürfnisse und der Marktstrukturen	+	-
• wettbewerbsbezogene Faktoren		
– hohe Wettbewerbsintensität in den einzelnen Ländermärkten	-	+
– hoher Globalisierungsgrad der Branche	-	+
– hohe Profitabilität einer Pionierstrategie (z. B. Etablierung eines Industriestandards)	-	+
– kurze Produktlebenszyklen	-	+
Legende: + Strategietyp geeignet - Strategietyp nicht geeignet		

Tab. 27: Einflussfaktoren bei der Wahl der länderübergreifenden Timing-Strategie (vgl. Berndt et al. 2016, S. 186)

Einflussfaktoren	Begünstigt eher den Pionier	Begünstigt eher den Folger
unternehmensspezifische Faktoren		
• strategische Grundhaltung	offensiv	defensiv
• Risikoneigung	groß	gering
• Ressourcenstärke	groß	gering
fertigungsspezifische Faktoren		
• Übereinstimmung mit bisherigem Fertigungsprogramm	groß	gering
• Einsatz vorhandener Fertigungsanlagen	möglich	nicht/kaum möglich
• Erfahrung mit der Fertigungstechnologie	groß	gering
• Wettbewerbsbedeutung der Fertigungstechnologie	groß	gering
produktspezifische Faktoren		
• Komplexität	nicht eindeutig	gering
• Innovationsgrad	groß	gering
• Produktwechselkosten	hoch	gering
• Normierungs- und Standardisierungstauglichkeit	groß	gering
kundenspezifische Faktoren		
• Anteil neuer Kunden	groß	gering
• Risikobereitschaft	groß	gering
• Anbieterpräferenzen	stark	schwach
• Erfahrungen mit vergleichbaren Leistungsangeboten	groß	keine/kaum

Einflussfaktoren	Begünstigt eher den Pionier	Begünstigt eher den Folger
marktspezifische Faktoren		
• Marktpotenzial	nicht eindeutig	groß
• Marktwachstum	hoch	niedrig
• vertriebspolitische Eintrittsbarrieren	leicht zu errichten	schwierig zu errichten
• staatliche Reglementierung	gering	groß

Tab. 28: Einflussfaktoren bei der Wahl der länderspezifischen Timing-Strategie (vgl. Meffert et al. 2015, S. 268)

benszyklen zu verlängern oder in der Chance, länderspezifische Wettbewerbsvorteile (»komparative Vorteile«) aufzubauen. Im Zuge ihrer Auslandsaktivitäten erlangen Unternehmen weiterhin internationale bzw. interkulturelle Kompetenz, die auch dahingehend eingesetzt werden kann, sich auf dem Heimatmarkt gegen ausländische Konkurrenten besser behaupten zu können.

Auslandsmarktaktivitäten erfordern allerdings auch einen hohen zeitlichen und finanziellen Aufwand. Vor allem kleine und mittelständische Unternehmen verfügen üblicherweise nicht über die notwendigen Ressourcen. Hinzu kommen Risiken, die auf ausländischen und damit fremden Märkten weit weniger »zuverlässig« eingeschätzt werden können als auf dem bekannten Heimatmarkt.

Perspektiven
Marktarealstrategien und hier insbesondere länderübergreifende Strategien sind dynamisch zu betrachten. Aufgrund der stetigen Veränderungen der länderspezifischen Marktbedingungen ist das internationale, multinationale, regiozentrische oder globale Marketing perspektivisch nur dann erfolgreich, wenn zum einen auf der Basis permanenter Marktbeobachtungen flexibel und marktadäquat reagiert wird. Zukünftig wird es zum anderen aber im Wesentlichen darauf ankommen, Märkte proaktiv zu bearbeiten. So können Unternehmen mit Innovations- oder Antizipationsstrategien auch ausländische Märkte erfolgreicher gestalten, indem sie beispielsweise versuchen, den Ansprüchen, Erwartungen und Wünschen rele-

vanter Stakeholder möglichst frühzeitig und innovativ zu begegnen. Diese Vorgehensweise setzt eine aktive Gestaltung der Beziehungen (z. B. mittels Dialog) zu den zentralen Anspruchsgruppen voraus, um strategische Maßnahmen entwickeln zu können. Damit eröffnen sich nicht nur Marktchancen, sondern es lassen sich auf diese Weise auch potenzielle Problemfelder und zukünftige Entwicklungen auf ausländischen Märkten antizipieren (vgl. Grunwald/Schwill 2017a, S. 207).

4 Tools zur Entscheidungsunterstützung beim Einsatz einzelner Marketinginstrumente

4.1 Produkt- und Programmpolitik

4.1.1 Überblick über die Gestaltungsalternativen

Die Produktpolitik (oder auch Leistungspolitik) beinhaltet sämtliche Entscheidungen, die sich mit der Gestaltung der vom Unternehmen angebotenen materiellen und/oder immateriellen Produkte (Dienstleistungen) beschäftigen.

Die grundsätzlichen produktpolitischen Gestaltungsalternativen liegen in der
- sachlichen Dimension (Bestimmung der Bestandteile des Leistungsbündels),
- zeitlichen Dimension (Anpassung der Bestandteile des Leistungsbündels im Zeitablauf),
- programmbezogenen Dimension (Festlegung vor allem der Gesamtheit des Leistungsangebots) (vgl. auch Voeth/Herbst 2013, S. 273).

Diese drei Dimensionen können durch den »Produktwürfel« illustriert werden (vgl. Abbildung 25). Die im Rahmen dieser Dimensionen relevanten Tools bzw. Entscheidungstatbestände werden anschließend beschrieben. Es soll nicht unerwähnt bleiben, dass auch die programmbezogene Dimension unter sachlichen und zeitlichen Aspekten bewertet werden kann. Aus Gründen der analytischen Vereinfachung werden diese Dimensionen aber beibehalten.

4.1.2 Gestaltung der sachlichen Dimension

Grundgedanke

Die sachliche Dimension erfordert Entscheidungen über die inhaltliche Gestaltung des Leistungsbündels »Produkt« (vgl. hierzu Voeth/Herbst 2013, S. 273 ff.). Dazu gehören Gestaltungsentscheidungen zum Produktkern, zum formalen Produkt und zum erweiterten Produkt (vgl. Abbildung 26).

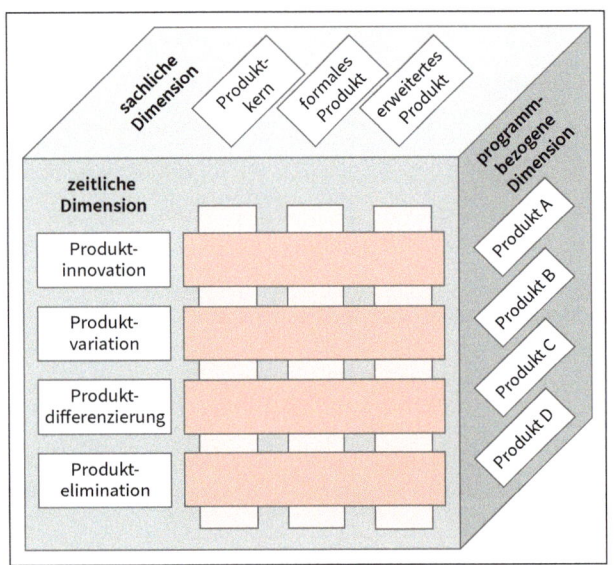

Quelle: eigene Darstellung in Anlehnung an Voeth/Herbst 2013, S. 272

Abb. 25: Produktpolitische Gestaltungsdimensionen (»Produktwürfel«)

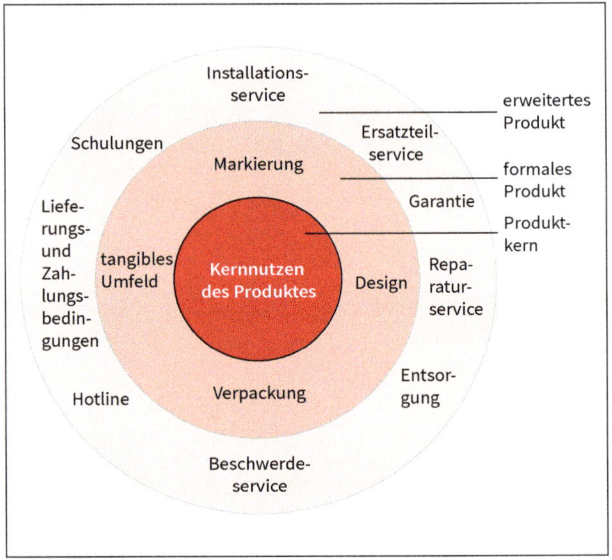

Quelle: vgl. Kotler et al. 2011, S. 588

Abb. 26: Inhaltliche Gestaltung des Leistungsbündels (»Produktzwiebel«)

Der **Produktkern** beschreibt den eigentlichen Kern- oder Grundnutzen des Produktes (z. B. Telefonieren beim Handy). Er ist zuständig für die eigentliche Lösung des Kundenproblems. Das **formale Produkt** umrahmt den Produktkern mit zusätzlichen Komponenten und bietet für Kunden Zusatznutzen an. Das **erweiterte Produkt** umfasst ergänzende Leistungen; es soll das bestehende Produktangebot anreichern.

Die Problemlösungsfähigkeit oder Nutzenstiftung eines Produktes hängt entscheidend davon ab, welche Erwartungen die Zielgruppe an ein Produkt hat und wie sie die Zwecktauglichkeit eines Leistungsangebotes beurteilt. Ausschlaggebend ist demzufolge das subjektive Urteil und weniger die objektive Beschaffenheit eines Produktes (vgl. Schwill 2009b, S. 6 f.)

Tools

Hinsichtlich der **funktionalen Gestaltung des Produktkerns** sind die in Tabelle 29 zusammengefassten **Anforderungen** zu beachten.

Anforderungen	Beschreibung
Vollständigkeit	Der Produktkern muss den angestrebten Grundnutzen vollständig erfüllen.
Zuverlässigkeit	Die Funktionalität des Produktkerns muss technisch gesichert sein (z. B. durch Gütenormen) und soll dem »Stand der Technik« entsprechen.
Haltbarkeit	Sie betrifft die Lebensdauer eines Produktes. Produkte sollten so gestaltet werden, dass die technische Haltbarkeit den Erwartungen der Nachfrager entspricht und Folgekosten vermieden werden.
Wirtschaftlichkeit	Dem Wunsch des Nachfragers nach wirtschaftlicher Nutzung sollte durch den Produktkern Rechnung getragen werden.
Sicherheit	Der Produktkern ist so auszugestalten, dass eine sichere Nutzung des Produktes möglich ist.
Umwelt- und Sozialverträglichkeit	Bei der Gestaltung des Produktkerns ist auf einen ressourcensparenden Materialeinsatz sowie auf den Verzicht schädlicher Zusätze oder Herstellverfahren zu achten. Auch sollten Möglichkeiten einer späteren Entsorgung oder Recycelbarkeit bedacht werden.

Tab. 29: Anforderungen an die funktionale Gestaltung des Produktkerns (Quelle: vgl. Voeth/Herbst 2013, S. 276 f.; Meffert et al. 2015, S. 292 f.)

Um die skizzierten Anforderungen umzusetzen, bietet sich der in Abbildung 27 skizzierte Gestaltungsprozess an.

Bei der **Gestaltung des formalen Produktes** sind insbesondere Entscheidungen hinsichtlich der Markierung, des Designs und der Verpackung zu treffen. Damit Produkte wiedererkannt und von Wettbewerbsprodukten abgegrenzt werden können, benötigen sie konstant gehaltene Produktelemente wie etwa einen Namen, ein Zeichen oder eine bestimmte Form. Produkte müssen demzufolge gekennzeichnet bzw. markiert werden. Mit **Markierung** wird der Vorgang bezeichnet, der den Aufbau und den Erhalt einer Marke über die Zeit hinweg betrifft. Das Ziel besteht darin, eine Marke zu schaffen, die bestimmte positive und kaufrelevante Assoziationen bei den (potenziellen) Zielgruppen auszulösen vermag (vgl. Grunwald/Hempelmann 2017, S. 310). Beim **Markenaufbau** geht es zum einen darum, den Namen des Produktes im Markt bekannt zu machen, d. h., bei den relevanten Zielgruppen ein Markenbewusstsein zu schaffen.

Zum anderen soll ein entsprechendes Markenimage mit dem Ziel geschaffen werden, den Absatz der Produkte zu fördern. Der **Markenerhalt** zielt darauf ab, ein im Sinne des Unternehmens geschaffenes Markenbewusstsein aufrechtzuerhalten und die Soll-Positionierung der Marke im

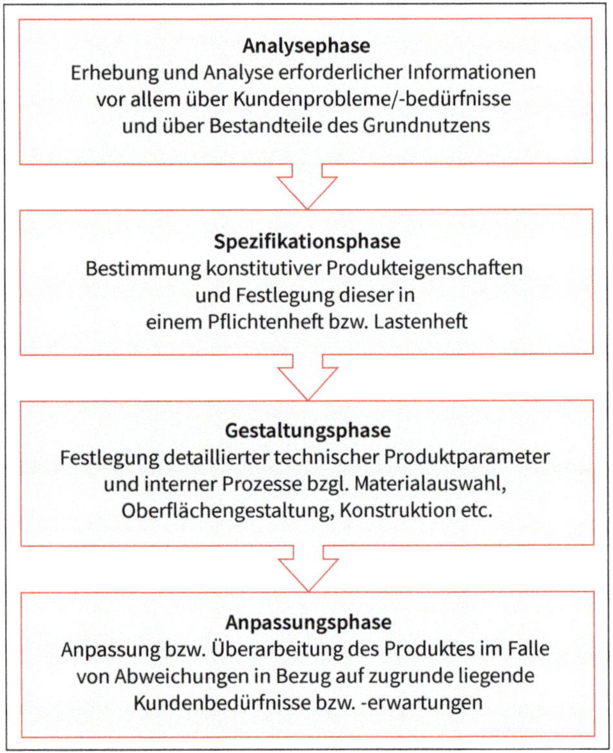

Analysephase
Erhebung und Analyse erforderlicher Informationen vor allem über Kundenprobleme/-bedürfnisse und über Bestandteile des Grundnutzens

Spezifikationsphase
Bestimmung konstitutiver Produkteigenschaften und Festlegung dieser in einem Pflichtenheft bzw. Lastenheft

Gestaltungsphase
Festlegung detaillierter technischer Produktparameter und interner Prozesse bzgl. Materialauswahl, Oberflächengestaltung, Konstruktion etc.

Anpassungsphase
Anpassung bzw. Überarbeitung des Produktes im Falle von Abweichungen in Bezug auf zugrunde liegende Kundenbedürfnisse bzw. -erwartungen

Quelle: vgl. Zanger 2007, S. 106 ff.

Abb. 27: Phasen im Rahmen des Gestaltungsprozesses des Kernproduktes

Zeitablauf zu festigen (vgl. Grunwald/Hempelmann 2017, S. 310 f. und S. 321).

Insbesondere beim Aufbau von Marken, aber auch zur Beibehaltung eines Markenbewusstseins können beispielsweise folgende **Markierungsdimensionen** zur Kennzeichnung von Produkten (und auch Unternehmen) herangezogen werden (vgl. dazu Voeth/Herbst 2013, S. 285 f.):

- Wortzeichen (z. B. Siemens, Deutsche Bank, Bahlsen)
- Buchstabengruppen (z. B. BASF, DHL, SAP)
- Bildzeichen (z. B. Mercedes-Stern, Puma-Zeichen)
- Hörzeichen (z. B. T-Mobile-Jingle)
- Farben oder Farbkombinationen (z. B. die Farbe Lila bei Milka-Produkten, das Gelb der Deutschen Post)
- Verpackungs- oder Produktformen (z. B. Toblerone-Dreieckstafel, Maggi-Flasche)

Die verschiedenen Markierungsdimensionen – einzeln oder kombinativ angewandt – unterstützen Unternehmen bei der Wahl des Markennamens und bei der Gestaltung des Markenzeichens (Markenlogos).

Zur Bestimmung des **Markennamens** können reine Buchstabeninformationen (z. B. Esso, Xerox), reine Zahlenkombinationen (z. B. 4711) oder gemischte Buchstaben-/Zahlenkombinationen (z. B. 3M, O_2) eingesetzt werden. Die Gestaltung von **Markenzeichen bzw. Markenlogos** erfolgt vor allem durch bildhafte und/oder akustische Kennzeichnungen. Produkte lassen sich auf diese Weise zum einen »individualisieren«, d. h. so einzigartig gestalten, dass sie auch schnell wiedererkannt werden. Zum anderen besteht die Möglichkeit, Produkte zu heterogenisieren, d. h., sie von Wettbewerbsprodukten unterscheidbar zu machen. Als Beispiel einer besonders gelungenen Markierung kann das Logo des Touristikkonzerns TUI angesehen werden (vgl. Abbildung 28).

Das TUI-Markenlogo ist nicht nur »einfach« gestaltet und insofern schnell erlernbar und einprägsam. Vor allem »zeigt« dieses Logo ein »Smiley« und weckt – nicht nur bei dem Gedanken an eine Urlaubsreise – positive Assoziationen.

Quelle: http://www.tuigroup.com/de-de

Abb. 28: Beispiel einer gelungenen Markierung

Entscheidungen hinsichtlich des **Produktdesigns** betreffen die Ästhetik und damit das »Outfit« eines Produktes. Das Design hat entscheidenden Einfluss auf die Produktwahrnehmung. Empirische Untersuchungen belegen, dass für die Produktwahrnehmung nicht nur die Optik, sondern auch der Geruch, der Geschmack oder die Akustik verantwortlich sind. Die Marketingpraxis beschäftigt sich deshalb auch zunehmend mit dem »Sound-Design«, »Smell-Design« oder »Taste-Design« (vgl. Voeth/Herbst 2013, S. 278 f.).

Bei der Gestaltung des formalen Produkts sind nicht zuletzt Entscheidungen bezüglich der **Verpackung** zu treffen. Unter Verpackung ist jede Umhüllung einer Ware zu verstehen, während der untergeordnete Begriff der Packung die Umhüllung einer Verkaufseinheit meint (vgl. Hansen 1990, S. 249). Selbst immaterielle Produkte (Dienstleistungen) lassen sich in gewisser Weise »verpacken«. Die Verpackung vollzieht sich in der Gestaltung des tangiblen Umfeldes, d. h. aller physischen Komponenten, wie z. B. Gebäude, Betriebsmittel oder Inneneinrichtungen (vgl. Schwill 2013a, S. 228).

Die Gestaltungsoptionen bei der Verpackung materieller Produkte zeigen sich insbesondere in der Erfüllung der **Verpackungsfunktionen.** Tabelle 30 fasst die im Wesentlichen zu erfüllenden Funktionen zusammen.

Gestaltungsalternativen im Rahmen des **erweiterten Produktes** konzentrieren sich auf ergänzende Leistungen. Derartige produktbegleitende Dienstleistungen (Services) sind zum einen gesetzlich vorgeschrieben (wie etwa im Falle von Gewährleistungspflichten) oder aber werden von den Kunden unbedingt erwartet (obligatorischer Service). Produkterweiterungen ergeben sich zum anderen aber auch durch vom Anbieter freiwillig erbrachte Leistungen (fakultativer Service). Hier liegt besonderes Potenzial vor, um sich vom Wettbewerber zu differenzieren oder beim Kunden zu positionieren.

Zur Strukturierung der unterschiedlichen Möglichkeiten im Rahmen produktbegleitender Dienstleistungen bietet es sich an, den Service nach den Phasen des Kaufentscheidungsprozesses zu differenzieren (vgl. Abbildung 29) (vgl. Voeth/Herbst 2013, S. 288 f.).

Im Rahmen dieser phasentypischen Dienstleistungen muss dem Nachkaufservice eine besondere Bedeutung attestiert werden. Mit einem umfassenden und insgesamt zur Kundenzufriedenheit beitragenden Serviceangebot lässt sich für den Kunden ein über das Kernprodukt und formale Produkt hinausgehender Mehrwert bzw. Zusatznutzen schaffen (»Value-added Services«). Die Nutzung solcher Services durch Kunden kann durch die Einführung einer Kundenkarte vereinfacht, motiviert und auch

Verpackungsfunktionen	Anforderungen
Schutz-, Transport- und Lagerfunktion	Schutz und Sicherung der Produkte beim Transport und bei der Lagerung
Informationsfunktion	Sicherstellung der thematischen Informationen (z. B. Gewicht, Inhaltsstoffe) und damit Umsetzung verpackungsrechtlicher Vorschriften; Berücksichtigung auch unthematischer Informationen (wie z. B. Form, Knistern einer Tüte)
Präsentationsfunktion am Verkaufsort (Point of Sale)	Sicherstellung guter Warenpräsentation in der Einkaufsstätte bzw. im Regal
Akquisitionsfunktion	Vermittlung von Kaufanreizen durch positiv anmutende Verpackungsgestaltung
Verwendungs- und Zusatznutzenfunktion	Ermöglichung einer nutzenstiftenden Verwendungshilfe (z. B. Schraubverschlüsse mit Dosierhilfe bei Flüssigwaschmitteln, Senfglas) oder Vermittlung eines Zusatznutzens (z. B. Senfglas als Trinkglas)
Dimensionierungsfunktion	Gestaltung unterschiedlicher Verkaufseinheiten (z. B. Einzelpackung, Familienpackung)
Rationalisierungsfunktion	Optimierung warenwirtschaftlicher Prozesse durch auf der Verpackung sichtbar aufgedruckte Barcodes oder unsichtbare Digital Watermark Codes (DWCodes)
ökologische Funktion	Erfüllung ökologischer Anforderungen durch z. B. Einsatz umweltverträglicherer Materialien, weniger Verpackungsaufwand oder ökologisch unbedenklicher Entsorgung von Verpackungsmaterialien

Tab. 30: Funktionen der Verpackung (vgl. Voeth/Herbst 2013, S. 281 ff.; Hansen et al. 2001, S. 180 ff.)

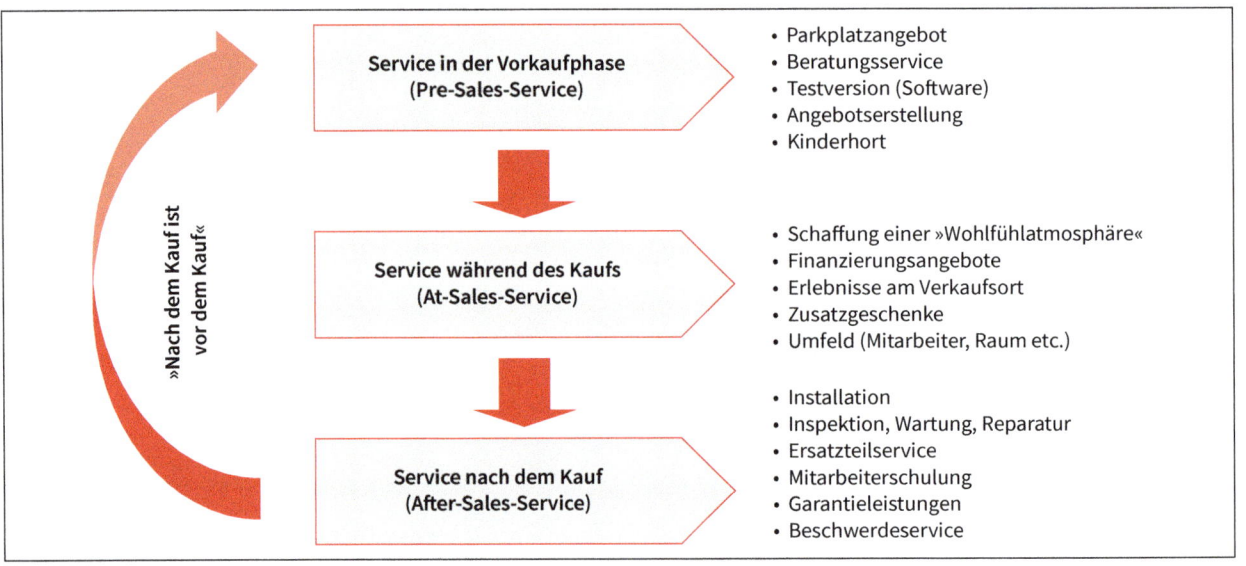

Quelle: eigene Darstellung

Abb. 29: Beispiele phasentypischer Dienstleistungen

kontrolliert und gesteuert werden (vgl. Grunwald 2009). Positive Wirkungen auf die Kundenbindung können damit erzielt werden. Erhöhtes Chancenpotenzial ergibt sich in der Nachkaufphase vor allem durch die Umsetzung eines **aktiven Beschwerdemanagements**. Beschwerden sind hierbei nicht als Risikofaktor, sondern als Chance zu begreifen. Unternehmen sollten Beschwerden und Kritik aktiv einfordern, nicht nur, um eine bestehende Unzufriedenheit in Zufriedenheit umzuwandeln, sondern um auch konkrete Hinweise für Verbesserungsmaßnahmen zu erhalten. Insofern kommt dem Beschwerdemanagement eine Schlüsselrolle in der Gestaltung langfristiger Kundenbeziehungen zu (vgl. Grunwald/Schwill 2017a, S. 272). Ein aktiv ausgerichtetes Beschwerdemanagement im Besonderen oder ein aus Nachfragersicht guter Nachkaufservice im Allgemeinen sind entscheidende Voraussetzungen dafür, dass Kunden wiederkommen und erneut Produkte nachfragen (Motto: »Nach dem Kauf ist vor dem Kauf«).

Kritische Reflexion
Produkte als Leistungsbündel, bestehend aus Produktkern und Produktperipherie, beinhalten zwar genügend Chancenpotenzial, um sich im Wettbewerb um die Gunst der Verbraucher behaupten zu können. Durch die zunehmende Austauschbarkeit von Produkten werden Unternehmen quasi auch dazu »gezwungen«, ihr Leistungsangebot noch stärker zu differenzieren und mit immer »neuen« Angeboten die Marktnachfrage zu beeinflussen. Damit kann allerdings auch das Bestreben verbunden sein, die Nachfrage durch eine künstliche Verkürzung der Haltbarkeit von Produkten (»geplante Obsoleszenz«) zu forcieren. Die ökologischen und gesellschaftlichen Folgen einer derartigen Politik sind in dem Zusammenhang auch zu reflektieren.

Perspektiven
Im Zuge eines zunehmend kritischeren Verbraucherbewusstseins ergeben sich für Unternehmen zukünftig vermehrt Chancen durch eine nachhaltige Produktpolitik. Sie berücksichtigt zur Entwicklung und Gestaltung des Produktkerns und der Produktperipherie auch umwelt- und sozialverträgliche Standards (vgl. Grunwald/Schwill 2017b, S. 1370 f.). Auf diese Weise kann die Chance ergriffen werden, sich als verantwortlich agierendes Unternehmen zu profilieren, das die Konsequenzen von Produktions- und Konsumprozessen sowie die Ansprüche von Umwelt und Gesellschaft in seine produktpolitischen Überlegungen miteinbezieht.

4.1.3 Gestaltung der zeitlichen Dimension

Grundgedanke
Die auf dem Markt angebotenen Leistungsbündel sind im Laufe der Zeit aufgrund sich verändernder Marktbedingungen anzupassen. Die Anpassung kann erforderlich werden zum einen durch Wettbewerber, die mit neuen oder modifizierten Produkten auf den Markt kommen. Zum anderen können auch die Nachfrager selbst mit ihren sich wandelnden Leistungsanforderungen die Än-

derung einzelner Leistungselemente oder gesamter Produktbündel initiieren.

Tools

Als Strukturierungsansatz für im Zeitablauf relevante produktpolitische Entscheidungen kann das Produktlebenszykluskonzept herangezogen werden. Das Konzept basiert auf der Annahme, dass das »Produktleben« einer gesetzmäßigen Entwicklung folgt und typische Phasen durchläuft (vgl. Abbildung 30).

Die einzelnen Phasen können gemäß Tabelle 31 charakterisiert werden.

Die verschiedenen Phasen des Produktlebenszyklus liefern nun die Basis für folgende chronologisch abzuarbeitende produktpolitische Gestaltungsalternativen:
- Produktinnovation
- Produktvariation
- Produktdifferenzierung
- Produktelimination

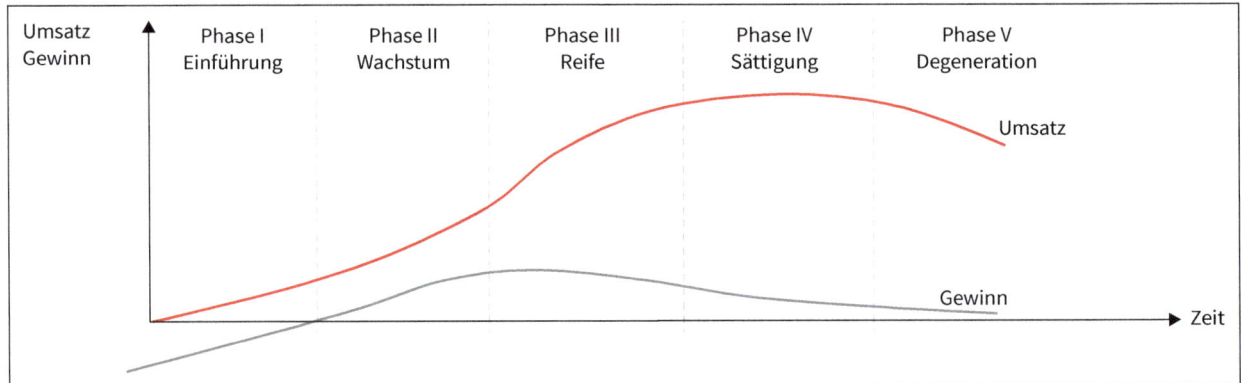

Quelle: eigene Darstellung

Abb. 30: Idealtypische Phasen eines Produktlebenszyklus

Phasen des Produktlebenszyklus	Charakterisierung
Einführungsphase	• Einführung des Produkts (häufig mit geringer Stückzahl) • Hohen Anfangsinvestitionen stehen geringe Umsätze und negative Gewinnbeiträge gegenüber.
Wachstumsphase	• Produkt setzt sich am Markt stark durch. • Umsätze und Gewinne steigen überdurchschnittlich.
Reifephase	• Markt dehnt sich durch den Eintritt weiterer Wettbewerber aus. • Umsätze, nicht aber die Gewinne, nehmen noch zu, haben aber weniger starke Wachstumsraten.
Sättigungsphase	• Nachfrage ist gesättigt. • Umsätze erreichen ihr Maximum und beginnen zu sinken, Gewinne nehmen weiter ab.
Degenerationsphase (Schrumpfungsphase)	• Gesamtnachfrage nimmt stark ab. • Verfall von Umsätzen und Gewinnen

Tab. 31: Charakterisierung der Phasen des Produktlebenszyklus (Quelle: vgl. Bruhn 2012b, S. 63 f.; Voeth/Herbst 2013, S. 292 f.)

Bei der **Produktinnovation** geht es um die Entwicklung von Produkten, die neuartig sind für den Markt (Marktneuheit) und/oder das Unternehmen (Unternehmensneuheit). Der Neuproduktplanungsprozess beinhaltet dabei die in Abbildung 31 skizzierten Ablaufschritte.

Einen Überblick über mögliche Quellen zur Gewinnung von Ideen für neue Produkte liefert Abbildung 32.

Neben der Nutzung eigener Ideenpotenziale durch Anwendung von Kreativitätstechniken greifen Unternehmen heutzutage vermehrt darauf zurück, Stakeholder wie Kunden oder Lieferanten in Ideenfindungsprozesse einzubinden. Eine derartige Öffnung des Innovationsprozesses und die damit verbundene Einbeziehung relevanter externer Wissensquellen wird unter Begriffen wie »Open Innovation«, »Interaktive Wertschöpfung«, »Crowdsourcing« oder auch »Kunden-Koproduktion« diskutiert (vgl. u. a. Reichwald/Piller 2006; Schwill 2010; Grunwald/Schwill 2017c). Die zentralen Tools mit unterschiedlicher Integrationsintensität zeigt Abbildung 33.

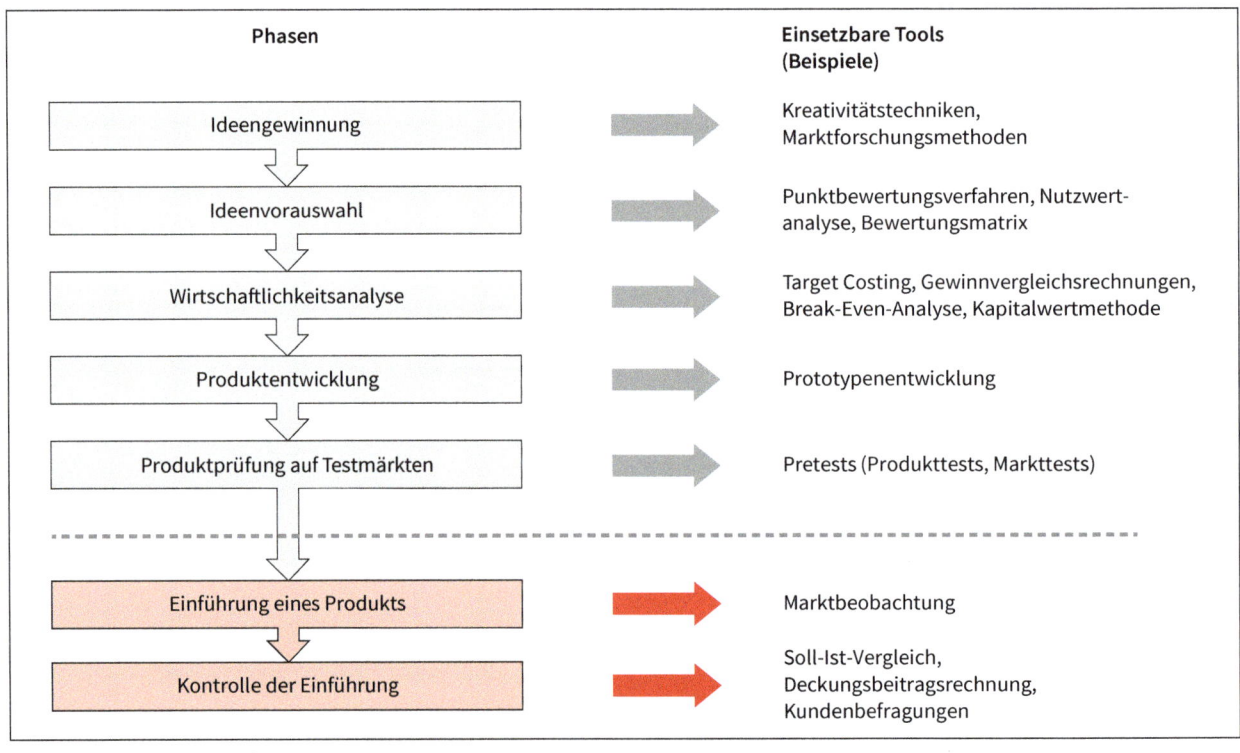

Quelle: vgl. Grunwald/Hempelmann 2017, S. 290

Abb. 31: Ablaufschritte des Neuproduktplanungsprozesses

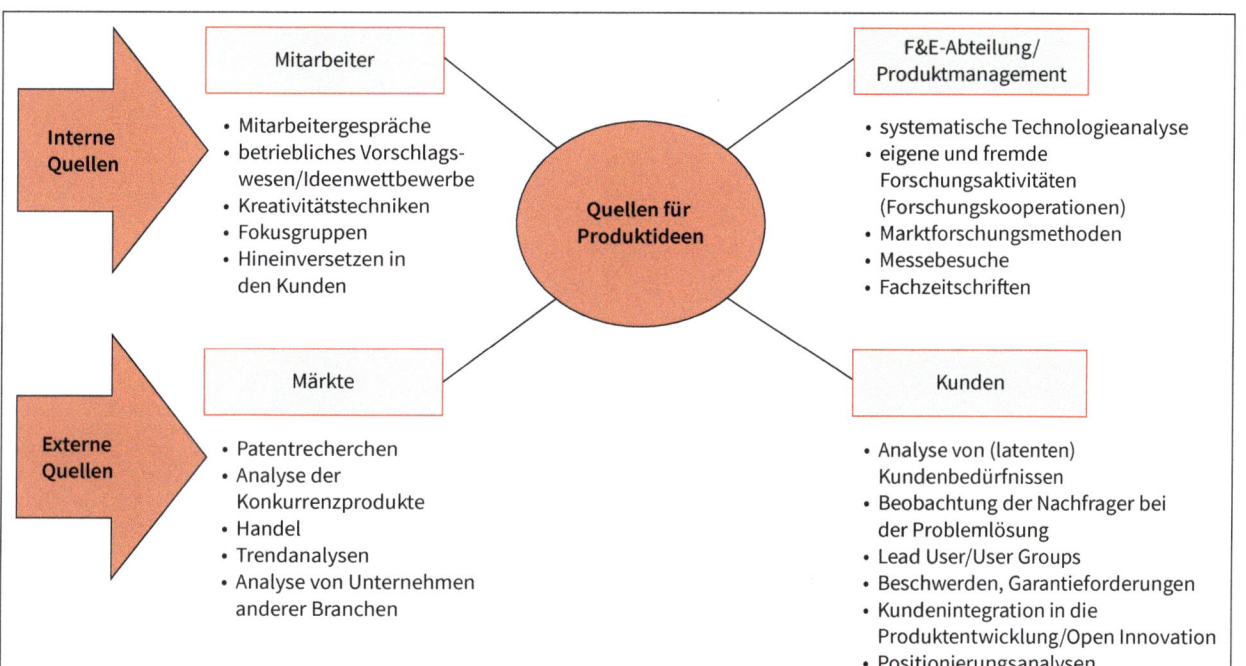

Quelle: vgl. Grunwald/Hempelmann 2017, S. 291

Abb. 32: Interne und externe Quellen für Produktideen

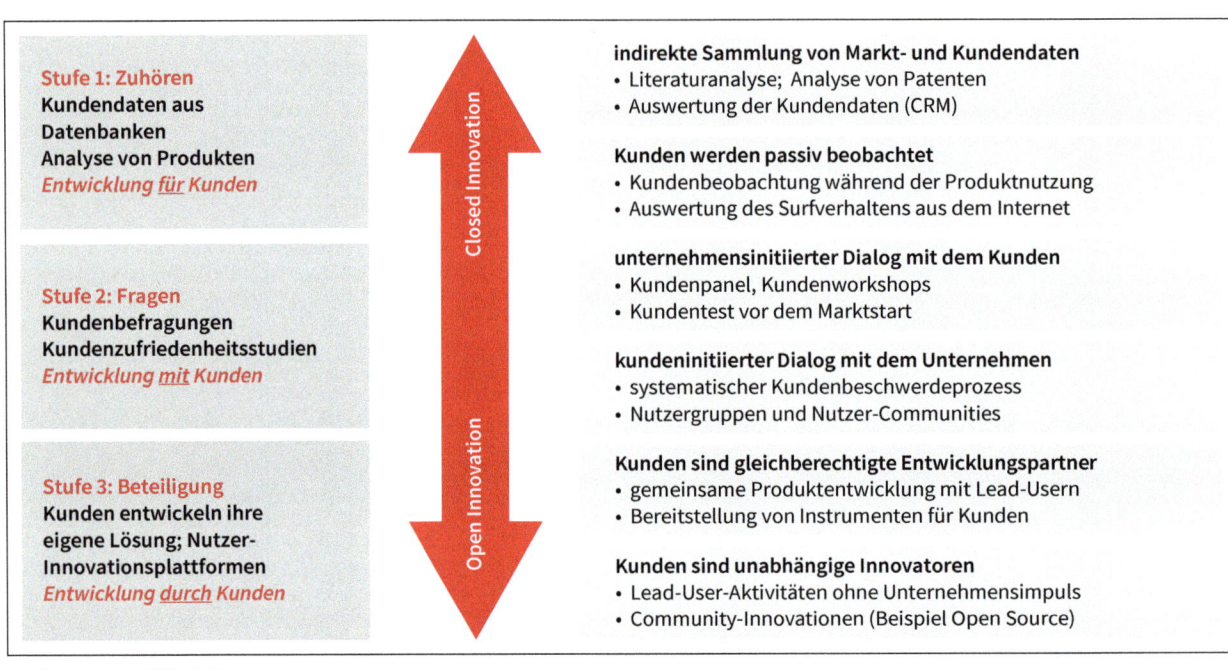

Quelle: Kreutzer 2013, S. 231

Abb. 33: Tools zur Integration von Kunden in den Innovationsprozess

Ein besonders verbreitetes Tool der Integration von Kunden in den Innovationsprozess ist die Lead-User-Methode (vgl. hierzu Gassmann/Sutter 2011, S. 132 f.). **Lead User** sind führende Kunden, die sich von durchschnittlichen Kunden bzw. Massenkunden unterscheiden. Ihr Wissen über oder ihr Bezug zu bestimmten Produkten und ihr Interesse, das Produkt zu verbessern, sind als hoch einzuschätzen (Beispiele: Lead User für die Automobilindustrie wären Formel-1-Piloten; Lead User für die Sportindustrie wären Spitzensportler). Die Anwendung der **Lead-User-Methode** beinhaltet die in Abbildung 34 dargestellten fünf Phasen.

Mit der Einbindung relevanter Lead User im Besonderen oder ausgewählter Kunden im Allgemeinen reduziert sich die Gefahr, am Markt »vorbei zu entwickeln« bzw. Flops zu produzieren. Die Unternehmenspraxis liefert diverse Erfolgsbeispiele, von denen wir zwei exemplarisch vorstellen wollen.

BEISPIEL

Fiat 500 Cinquecento
»Mit einer groß angelegten Aktion zur Modelleinführung des neuen *Fiat 500 Cinquecento* ließ man Kunden und Interessenten bereits an der Entwicklung des Autos im Internet mitarbeiten. Auf einer speziellen Internetseite konnten diese ab September 2006 das Design des Kleinwagens mitbestimmen. Die Resonanz war überwältigend: Allein in den ersten 50 Tagen haben die Italiener mehr als 500.000 Zugänge gezählt, nach wenigen Monaten waren zehn Millionen Klicks zu registrieren, fast 400 Menschen haben ein Foto zu den ´500 Faces` auf die Website gestellt, und mehr als 170.000 Entwürfe zeigen, wie sich die Fans den neuen Cinquecento vorstellen. *Fiat* Markenchef Luca De Meo sieht die Internetarbeit vor allem als moderne Marktforschung und eine Risikoversicherung für die Investitionen: ´Wenn wir auf das hören, was uns die Kunden sagen, dann können wir relativ sicher sein, dass unser Auto später auch gut ankommen wird.`« (Quelle: Hettler 2011, S. 242)

Goldcorp
»Das kanadische Bergbauunternehmen *Goldcorp*, das auf Goldminen spezialisiert ist, hatte im Jahr 2000 große Probleme neue Goldvorkommen zu entdecken und stand kurz vor der Insolvenz. Um zu ermitteln, was noch an Rohstoffen aus einer 50 Jahre alten Goldmine herauszuholen sei, entschied sich der damalige CEO Rob McEwen dafür, einen Wettbewerb mit einem Preisgeld in Höhe von einer halben Million Dollar auszuloben. Zu diesem Zweck stellte er alle geologischen Daten des Unternehmens ins Internet. Ein gewagter Versuch,

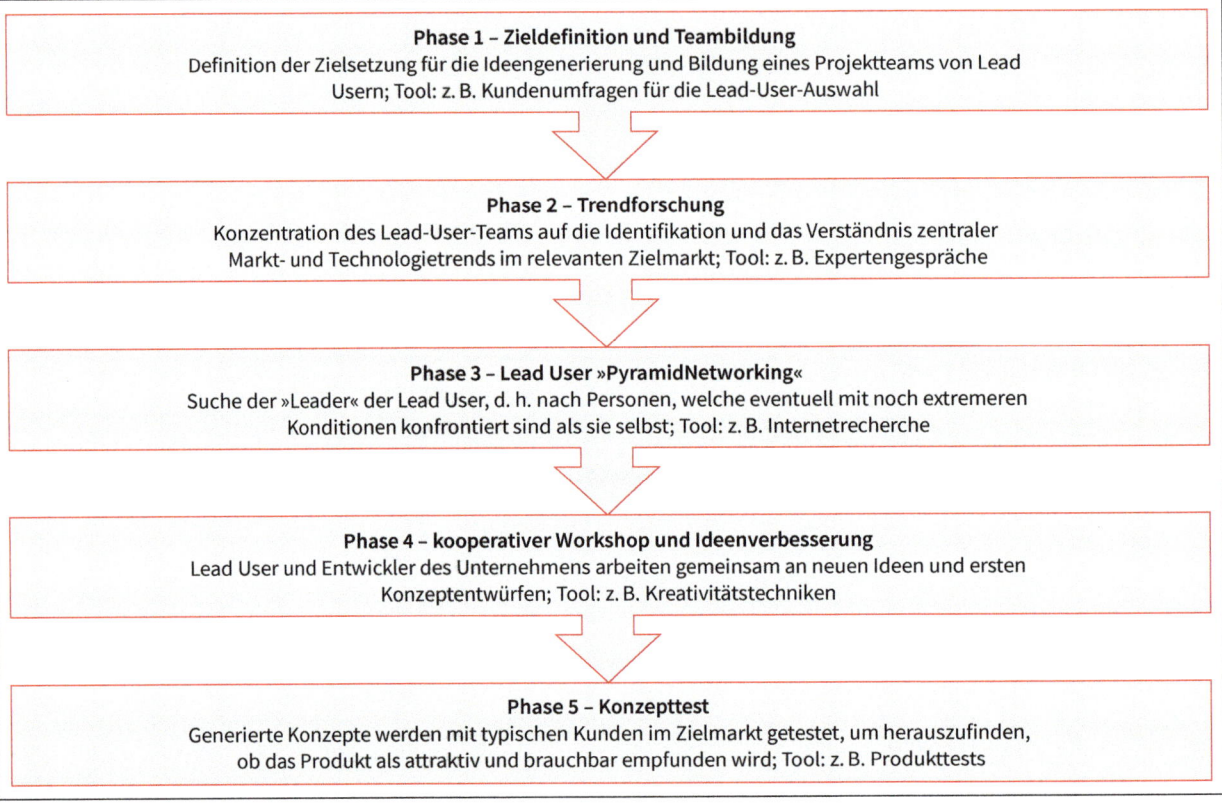

Quelle: vgl. Gassmann/Sutter 2011, S. 133

Abb. 34: Fünf Phasen der Lead-User-Methode

gehören diese Daten doch eigentlich zum bestgehüteten Geheimnis eines Unternehmens. Schließlich ermögliche man dadurch auch der Konkurrenz einen Einblick in diese Daten. Doch der Erfolg gab McEwen Recht: Mehr als 1.000 Geologen und Hobbyforscher beteiligten sich an der digitalen Suche. Die Hälfte der Vorschläge verwies auf Stellen, welche die hauseigenen Geologen bisher nicht entdeckt hatten. Dank des Wettbewerbs konnte das Unternehmen Gold im Wert von bislang knapp dreieinhalb Milliarden Dollar aus dem Boden holen. Der Börsenwert des Unternehmens stieg von 100 Millionen auf rund 18 Milliarden Dollar und *Goldcorp* gehört heute zu den größten Goldproduzenten weltweit.« (Quelle: Hettler 2011, S. 241 f.)

Unternehmen bieten zunehmend auch eigene Portale an, um externe Ideen aufzugreifen bzw. in den Dialog mit (potenziellen) Kunden einzutreten. Beispiele finden sich u. a. bei Procter & Gamble mit ihrem »connect + develop«-Programm (vgl. P&G o. J.), bei Tchibo (vgl. Tchibo o. J.) oder bei Starbucks (vgl. Starbucks o. J.). Im Rahmen der Ideenvorauswahl können sich erste Hinweise für die Eignung von Produktideen durch die Checkliste in Tabelle 32 ergeben. Diese Grobauswahl muss nicht zwangsläufig nur intern durchgeführt werden; auch hier ist die Einbeziehung externer Stakeholder (etwa Kunden oder Lieferanten) empfehlenswert.

Checkliste zur Ideenvorauswahl	Bewertung
Inwieweit deckt sich die Idee mit den Marketingzielen und Marketingstrategien?	☐ okay ☐ unklar ☐ Probleme
Ist die Produktidee technisch realisierbar?	☐ okay ☐ unklar ☐ Probleme
Stehen dem Unternehmen die entsprechenden Ressourcen zur Realisierung der Produktidee und zur Vermarktung zur Verfügung?	☐ okay ☐ unklar ☐ Probleme
Sind keine juristischen Schwierigkeiten (z. B. Patentrechtsverstöße) zu erwarten?	☐ okay ☐ unklar ☐ Probleme
Reagieren die Kunden positiv auf die Produktidee?	☐ okay ☐ unklar ☐ Probleme
Gibt es Zielgruppen bzw. Marktsegmente, die die Produktidee besonders positiv aufnehmen?	☐ okay ☐ unklar ☐ Probleme
Lässt sich das Produkt im Handel durchsetzen?	☐ okay ☐ unklar ☐ Probleme

Checkliste zur Ideenvorauswahl	Bewertung
Sind die Reaktionen der Konkurrenz kalkulierbar?	☐ okay ☐ unklar ☐ Probleme
Sind die Kosten bei der Weiterentwicklung des Produktes vertretbar (z. B. in den Bereichen F&E, Herstellung, Marketing)?	☐ okay ☐ unklar ☐ Probleme

Tab. 32: Checkliste zur Vorauswahl von Ideen (Quelle: vgl. Voeth/Herbst 2013, S. 307)

Ein pragmatisches Bewertungstool ist auch die in Abbildung 35 dargestellte Ideenbewertungsmatrix.

Ein weiteres Tool zur Bewertung von Produktideen oder Produktkonzepten ergibt sich mit dem **Scoring-Verfahren**, wie es beispielhaft in Tabelle 33 dargestellt wird.

Es bietet sich an, die Bewertung der verschiedenen Ideen bzw. Produktkonzepte im Team durchzuführen, das interdisziplinär besetzt ist und aus Vertretern unterschiedlicher Funktionsbereiche (F&E, Produktion, Marketing) besteht. Bereichsübergreifende bzw. ganzheitlich getroffene Entscheidungen reduzieren die Gefahr subjektiver Fehleinschätzungen.

Für die Durchführung von **Wirtschaftlichkeitsanalysen** bieten sich diverse Methoden an (vgl. hierzu u. a.

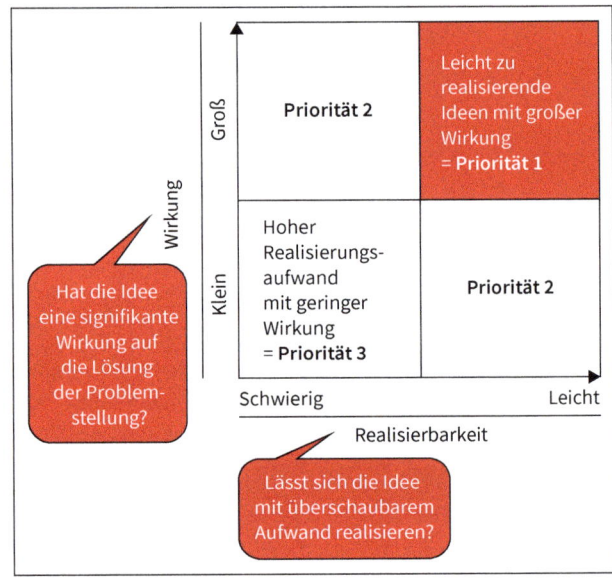

Quelle: Schawel/Billing 2018, S. 158

Abb. 35: Matrix zur Bewertung von Ideen

Grunwald/Hempelmann 2017, S. 291 ff.; Voeth/Herbst 2013, S. 309 ff.). Am Beispiel einer prognostizierten 5-Jahres-Kapitalflussrechnung soll eine Möglichkeit dargestellt werden (vgl. Tabelle 34).

Beurteilungskriterium	Relatives Gewicht des Kriteriums	Punktwert	Gewichteter Punktwert
1. unternehmensbezogene Kriterien			
– technische Realisierbarkeit	15 %	8	1,20
– Unterstützung strategischer Ziele	15 %	6	0,90
2. marktbezogene Kriterien			
– Sichtbarkeit des Kundennutzens	5 %	8	0,40
– Erschließung neuer Käuferschichten	10 %	8	0,80
– Verbesserung der Marktposition	5 %	7	0,35
3. handelsbezogene Kriterien			
– zusätzliche Profilierung gegenüber dem Handel	5 %	7	0,35
– Kooperationsbereitschaft des Handels	10 %	6	0,60
4. konkurrenzbezogene Kriterien			
– Erlangung von Wettbewerbsvorteilen	10 %	9	0,90
– Schutz vor Nachahmung	5 %	9	0,45
5. umfeldbezogene Kriterien			
– rechtlicher Schutz des Produktkonzeptes	10 %	5	0,50
– Umweltverträglichkeit	5 %	8	0,40
– Branchenkonjunktur	5 %	6	0,30
Gesamtpunktwert (GP)	**100 %**		**7,15**
Bewertungsskala: GP < 4 = schlecht; 4 ≤ GP ≤ 7 = mittel; GP > 7 = gut			

Tab. 33: Beispielhafte Bewertung eines Produktkonzeptes mithilfe des Scoring-Verfahrens (Quelle: vgl. Voeth/Herbst 2013, S. 309)

	Jahr 0	Jahr 1	Jahr 2	Jahr 3	Jahr 4	Jahr 5
1. Umsatzerlöse	0	11.889	15.381	19.654	28.253	32.491
2. Kosten der verkauften Güter	0	3.981	5.150	6.581	9.461	10.880
3. Deckungsbeitrag I	0	7.908	10.231	13.073	18.792	21.611
4. Entwicklungskosten	-3.500	0	0	0	0	0
5. Marketingkosten	0	8.000	6.450	8.255	11.866	13.646
6. anteilige Gemeinkosten	0	1.189	1.538	1.965	2.825	3.249
7. Deckungsbeitrag II	-3.500	-1.281	2.233	2.853	4.101	4.716
8. ergänzende Zurechnungen	0	0	0	0	0	0
9. Deckungsbeitrag III	-3.500	-1.281	2.233	2.853	4.101	4.716
10. diskontierter Deckungsbeitrag (15%)	-3.500	-1.113	1.691	1.877	2.343	2.346
11. kumulierter diskontierter Deckungsbeitrag	-3.500	-4.613	-2.922	-1.045	1.298	3.644

Tab. 34: Prognostizierte 5-Jahres-Kapitalflussrechnung (in tausend Euro) (Quelle: Kotler et al. 2017, S. 560)

Fällt das Ergebnis der Wirtschaftlichkeitsanalyse positiv aus und sind Prototypen entwickelt worden, ist die Marktakzeptanz durch **Pretests** zu prüfen. Hierzu können Produkttests (z. B. Prüfung von Anmutungs- und Verwendungseigenschaften von Produktkomponenten wie Farbe, Verpackung oder Materialeigenschaften) und/oder Markttests (z. B. Storetests in Form probeweiser Abverkäufe der Neuprodukte oder Verkäufe in lokalen oder regionalen Testmärkten) eingesetzt werden (vgl. Voeth/Herbst 2013, S. 315 ff.). Verlaufen die Pretests erfolgreich, kann das Neuprodukt auf dem Zielmarkt eingeführt werden. Empfehlenswert sind in der Einführungsphase kontinuierliche

Marktbeobachtungen und im späteren Verlauf auch weitere Kontrollen (z. B. durch Kundenbefragungen), um »Kinderkrankheiten auszumerzen« bzw. Ansätze für die Weiterentwicklung von Produkten auszunutzen.

Hier setzt die **Produktvariation** an (vgl. hierzu Voeth/Herbst 2013, S. 324 ff.). Darunter ist die Veränderung bestimmter Eigenschaften von bereits auf dem Markt befindlichen Produkten zu verstehen. Der Produktkern bleibt dabei im Wesentlichen unverändert. Modifiziert werden vorwiegend Eigenschaften der Produktperipherie wie etwa ästhetische Eigenschaften, Markeneigenschaften oder auch Serviceleistungen. Derartige Modifikationen können kontinuierlich in kleinen Schritten erfolgen, was gemeinhin als Produktpflege bezeichnet wird. Werden deutliche Verbesserungen im Rahmen einer grundlegenden Renovierung von Produkteigenschaften umgesetzt, spricht man von einem Relaunch (vgl. Schwill 2013b, S. 257).

Während bei der Produktvariation das verbesserte Produkt anstatt des bisherigen Produktes angeboten wird, handelt es sich bei der **Produktdifferenzierung** um eine Ergänzung eines bereits vorhandenen Produktes um neue Versionen (z. B. Waschmittel in Pulverform, als Tabs, als Flüssigwaschmittel und jeweils differenziert angeboten als Vollwaschmittel und Colorwaschmittel).

Neben der Aufnahme neuer Produkte und der Anpassung des Leistungsangebots durch Produktvariationen und Produktdifferenzierungen zählt zu den zeitlichen Entscheidungstatbeständen letztlich noch die **Produktelimination.** Hierunter ist die Herausnahme von Produkten aus dem Markt zu verstehen. Die Gründe hierfür können in produktspezifischen und unternehmensspezifischen Ursachen liegen (vgl. Abbildung 36).

Führt die Bewertung der Faktoren dazu, Produkte zu eliminieren, sind auch mögliche Konsequenzen zu bedenken. Zu berücksichtigen sind vor allem Beziehungen zu anderen Produkten oder Produktgruppen. Liegt beispielsweise eine komplementäre Produktbeziehung vor, so kann die Herausnahme des einen Produktes auch Nachfragerückgänge beim Komplementärgut nach sich ziehen (etwa bei Zahnpasta und Zahnbürsten oder Drucker und Druckerpatronen).

Kritische Reflexion

Mit den produktpolitischen Handlungsoptionen haben Unternehmen entscheidende Möglichkeiten, ihren Markterfolg zu beeinflussen. Ohne die Entwicklung neuer Produkte dürfte es schwierig sein, sich weiterhin auf dem Markt zu behaupten (»Wer nichts erfindet, verschwindet«). Der Druck des Marktes – neue oder verbesserte Angebote

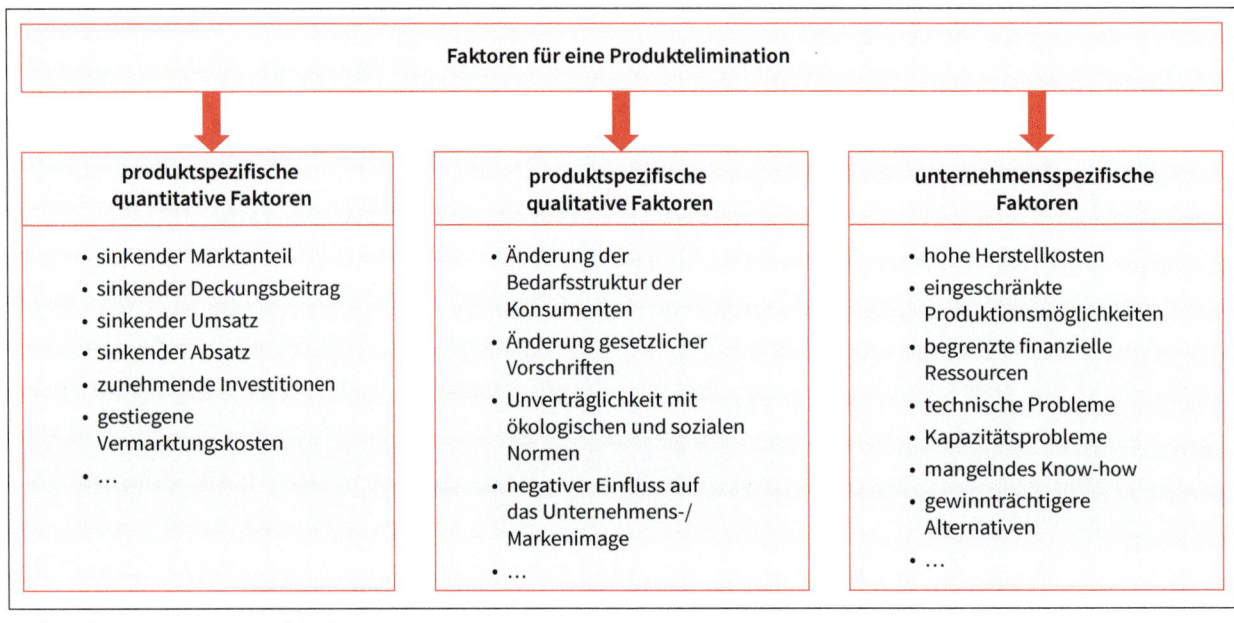

Quelle: vgl. Weis 2015, S. 387; Voeth/Herbst 2013, S. 332

Abb. 36: Faktoren für eine Produktelimination

der Wettbewerber, steigende Erwartungen der Nachfrager – führt dazu, Produkte permanent anzupassen. Allerdings sind die regelmäßigen Produktanpassungen oder -änderungen nicht nur kostenintensiv. Auch besteht die Gefahr, dass Kunden bei regelmäßigen Produktvariationen einzelne Produktgenerationen »überspringen« und auf die neueste Produktvariante warten (»Leap-frogging«). Auch kann eine »übertriebene« Produktdifferenzierungspolitik dazu führen, dass Kunden statt auf das bereits angebotene Produkt nunmehr auf zusätzlich angebotene Produktversionen zurückgreifen (»Kannibalisierungseffekt«) (vgl. Voeth/Herbst 2013, S. 327 und S. 330).

Perspektiven

Insgesamt zeichnet sich ein Trend dahingehend ab, relevante Stakeholder auch frühzeitig in Produkt(weiter)-entwicklungsprozesse einzubeziehen (ganzheitliche Orientierung). Moderne Informations- und Kommunikationstechnologien ermöglichen zudem einen stetigen wechselseitigen Austausch (Interaktions- und Dialogorientierung), sodass nach allen Seiten reflektierte und insgesamt nachhaltig wirkende produktpolitische Entscheidungen getroffen werden können.

Mit der Stakeholder-Integration können zudem partizipative Folgenabschätzungsprozesse initiiert, gestaltet und auf diese Weise auch mögliche folgenschwere produktpolitische Fehlentscheidungen eher vermieden werden (vgl. Grunwald/Schwill 2018a, Grunwald 2010a, Grunwald 2010b).

4.1.4 Gestaltung der programmbezogenen Dimension

Grundgedanke

Das Produktprogramm (im Handel wird der Begriff Sortiment verwendet) umfasst die Gesamtheit aller Leistungen, die ein Unternehmen marktmäßig verwertet. Es umfasst die Programmbreite und die Programmtiefe. Während die **Programmbreite** die Anzahl nebeneinander existierender Produktlinien angibt, beschreibt die **Programmtiefe** die Anzahl der Produktvarianten in einer Produktlinie (vgl. Meffert et al. 2015, S. 365). Abbildung 37 soll diese grundlegenden Strukturmerkmale am Beispiel eines fiktiven Anbieters von Kosmetikartikeln verdeutlichen.

Tools

Grundlegende Handlungsoptionen im Rahmen der Programmgestaltung liegen zum einen in der Programmerweiterung und zum anderen in der Programmbereinigung (vgl. hierzu Schwill 2009b, S. 70 f.).

Eine **Programmerweiterung** kann erfolgen über

- die Ausdehnung bzw. Ergänzung der Produktlinie (insbesondere über Produktdifferenzierung und das Anbieten neuer Produktvarianten) und
- die Einführung neuer Produktlinien (Maßnahmen der Diversifikation).

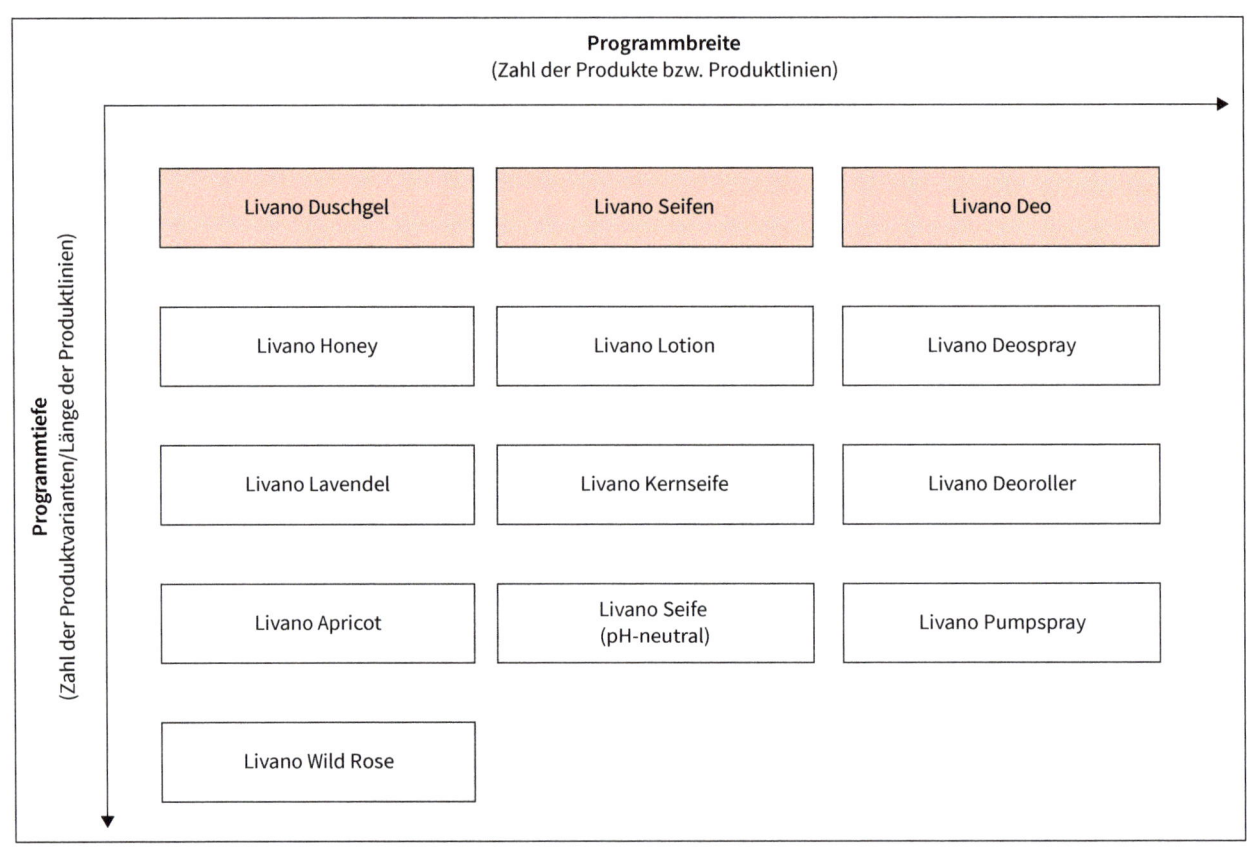

Quelle: Schwill 2009b, S. 10

Abb. 37: Dimensionen des Produktprogramms am Beispiel eines Anbieters von Kosmetikartikeln

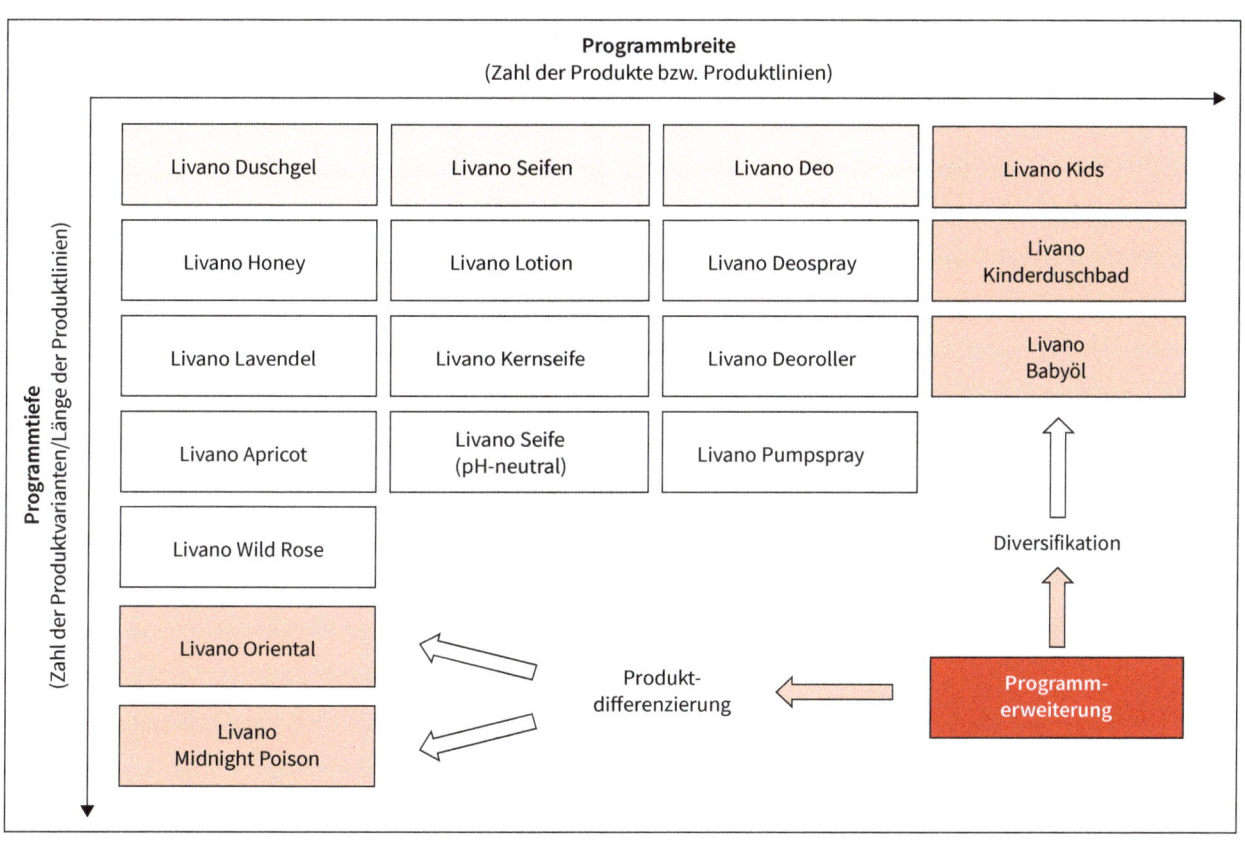

Abb. 38: Ausgewählte Möglichkeiten der Programmerweiterung am Beispiel eines Anbieters von Kosmetikartikeln

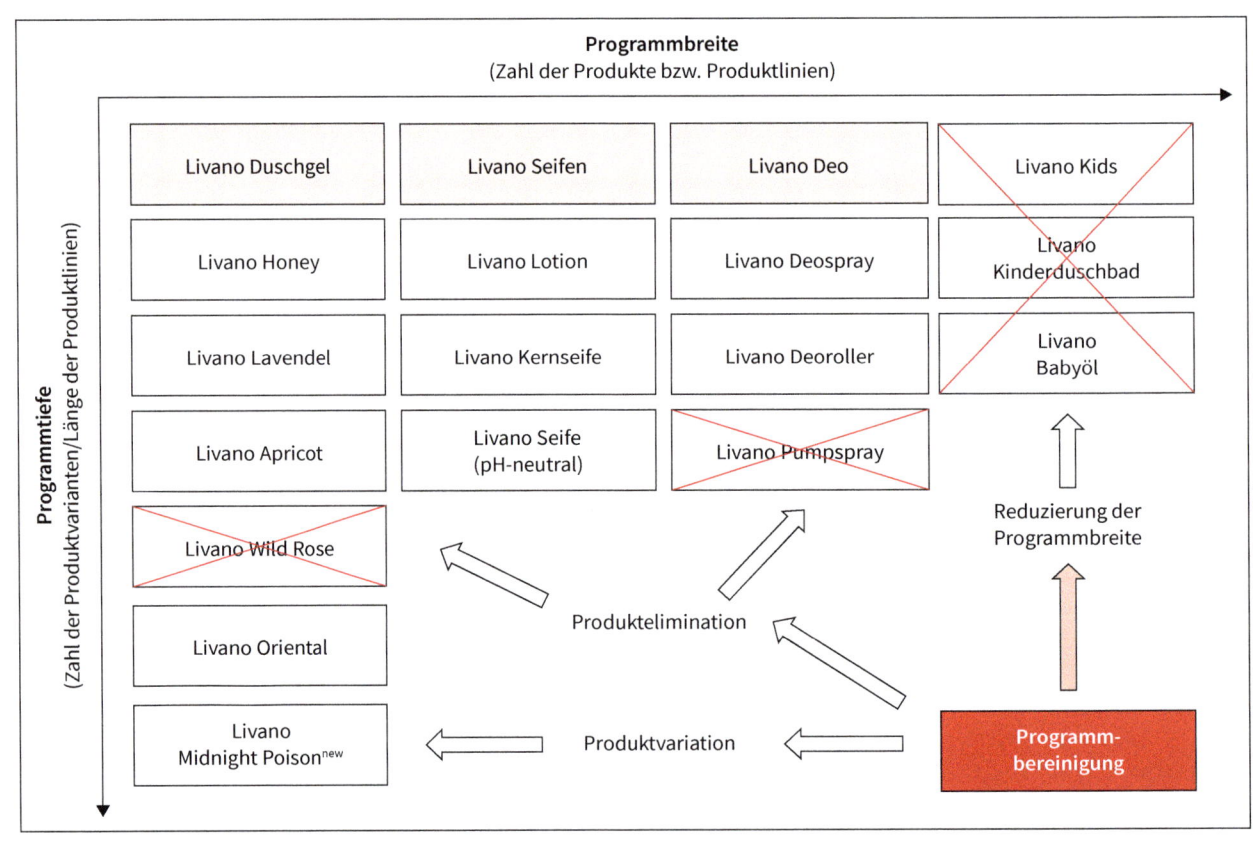

Quelle: Schwill 2009b, S. 71

Abb. 39: Ausgewählte Möglichkeiten der Programmbereinigung am Beispiel eines Anbieters von Kosmetikartikeln

Abbildung 38 stellt diese Möglichkeiten am Beispiel eines fiktiven Anbieters von Kosmetikartikeln dar.

Im Gegensatz dazu kann eine **Programmbereinigung** erfolgen über

- die Herausnahme einzelner Produkte, ohne die Produktlinie aufzugeben,
- eine Reduzierung der Programmbreite, indem ganze Produktlinien eliminiert werden,
- eine Spezialisierung auf eine Produktgruppe oder über
- die Produktvariation, indem an die Stelle eines bestehenden Produktes das Nachfolgeprodukt tritt.

Abbildung 39 illustriert einzelne Aktionsalternativen.

Zur Entscheidungsfindung über die Programmbreite und -tiefe und damit einhergehend auch im Hinblick auf Programmerweiterungen oder Programmbereinigungen kann die Gegenüberstellung von Vor- und Nachteilen hilfreich sein (vgl. Tabelle 35).

Neben Entscheidungen, die die Anzahl des Produktprogramms betreffen, bestehen weitere Handlungsoptionen in der Gestaltung des Qualitätsniveaus der Produkte (vgl. dazu Meffert et al. 2015, S. 366 ff.). Zum einen kann innerhalb der Produktlinie das Qualitätsniveau nach oben (**»Trading-up«**) und nach unten (**»Trading-down«**) ausgeweitet werden. Die in Tabelle 36 gegebene Checkliste bietet eine Entscheidungshilfe im Hinblick auf qualitative Produktlinienerweiterungen.

Kritische Reflexion

Die Entscheidungen über die Programmstruktur im Hinblick auf ihre quantitative (Programmerweiterung/Programmbereinigung) und ihre qualitative Dimension (Trading-up/Trading-down) sind unter Berücksichtigung der jeweiligen Vor- und Nachteile zu fällen. Aufgrund sich schnell wandelnder Märkte bzw. sich ändernder Rahmenbedingungen sind auch hier – ähnlich wie bei produktpolitischen Entscheidungen – kontinuierliche Programmanpassungen erforderlich. Hinzu kommt das Problem, zukünftig relevante Programmstrukturen valide prognostizieren zu können. Strategische Programmentscheidungen mit einer auf Kontinuität setzenden Programmstruktur sind demzufolge kaum mehr möglich.

Perspektiven

Vor allem die sozio-kulturellen (z. B. demografischer Wandel), ökonomischen (z. B. starker Verdrängungswettbewerb durch fortschreitende Internationalisierung), ökologischen (z. B. Knappheit natürlicher Ressourcen) und technologischen (z. B. Digitalisierung) Herausforderun-

Vorteile eines umfangreichen Produktprogramms mit einer entsprechenden Programmbreite und Programmtiefe	Nachteile eines umfangreichen Produktprogramms mit einer entsprechenden Programmbreite und Programmtiefe
höhere Umsätze und Gewinne	hohe Komplexitätskosten infolge von Variantenvielfalt
stärkere Marktposition durch die Ausrichtung auf individuelle Kundenbedürfnisse	Gefahr negativer ökologischer Effekte infolge der Variantenvielfalt
bessere Anpassungsmöglichkeiten an unterschiedliche Konjunkturphasen	Gefahr der Markenhypertrophie durch »ausufernde« Varianten- bzw. Markenvielfalt
effiziente Ausschöpfung der Ressourcen in F&E	Gefahr von Kannibalisierungseffekten bei einzelnen Produkten sowie der gesamten Produktlinie
Verhandlungsmacht gegenüber Absatzmittlern (Groß- und Einzelhandel)	Gefahr der Verstopfung einzelner Absatzkanäle
Imagetransfer bei Markenprodukten	Überforderung der Verkaufskompetenz des Vertriebspersonals
flexiblere Anpassungsmöglichkeiten an einen Wandel im Kundenverhalten	Überforderung der Informationsverarbeitungskapazitäten des Kunden

Tab. 35: Vorteile und Nachteile eines umfangreichen Produktprogramms (Quelle: vgl. Voeth/Herbst 2013, S. 336 f.)

gen beeinflussen die zukünftige Ausgestaltung der Produkt- und Programmpolitik. Insgesamt sind Unternehmen gut beraten, wenn sie diese Herausforderungen annehmen und nicht nur ihre produktpolitischen, sondern insgesamt auch ihre programmpolitischen Entscheidungen ganzheitlich, d. h. die Ansprüche und Interessen relevanter Stakeholder berücksichtigend, ausrichten. Vor allem eine Produktlinienerweiterung durch das Auffüllen mit nachhaltigen Produkten (**»Value-based Trading-up«**) dürfte genügend Chancenpotenzial beinhalten.

Gründe für ein Trading-up bzw. Trading-down	Bewertung
geringe Wettbewerbsintensität im oberen Qualitätsbereich	☐ trifft zu ☐ unklar ☐ trifft nicht zu
höhere Gewinnspanne im oberen Qualitätsbereich	☐ trifft zu ☐ unklar ☐ trifft nicht zu
überproportionale Zahlungsbereitschaft bei Nachfragern	☐ trifft zu ☐ unklar ☐ trifft nicht zu
vermutetes Wachstum der Produkte im oberen Qualitätsbereich	☐ trifft zu ☐ unklar ☐ trifft nicht zu
Möglichkeit, die gesamte Produktlinie aufzuwerten	☐ trifft zu ☐ unklar ☐ trifft nicht zu
Möglichkeit, sich ein positives Qualitätsimage aufzubauen	☐ trifft zu ☐ unklar ☐ trifft nicht zu
Erläuterung: Je mehr »trifft zu« angekreuzt werden kann, desto eher empfiehlt sich ein Trading-up (und umgekehrt).	

Tab. 36: Checkliste zur Überprüfung einer Produktlinienerweiterung (Quelle: vgl. Voeth/Herbst 2013, S. 343)

4.2 Preispolitik

4.2.1 Überblick über die Gestaltungsalternativen

In der Preispolitik werden die **optimalen Preise** für einzelne Produkte sowie für Bündel von Produkten festgelegt. Hierbei kann sich das Unternehmen intern an den eigenen Kosten und dem angestrebten Gewinn und extern an den Marktverhältnissen, insbesondere am Nachfragernutzen bzw. der Zahlungsbereitschaft der Nachfrager sowie an der Preissetzung der Konkurrenz, orientieren (vgl. zu den nachfolgend skizzierten Gestaltungsmöglichkeiten Simon/Fassnacht 2016; Homburg 2017, S. 663 ff. sowie Diller 2008, S. 33 ff.). Mit dem Angebot verschiedener Produkte zu einem Paketpreis im Rahmen der **Preisbündelung** kann der Anbieter eine im Vergleich zum herrschenden Preis überschüssige Zahlungsbereitschaft (die »Konsumentenrente«) von einem Produkt auf ein anderes Produkt übertragen, bei welchem die Zahlungsbereitschaft zum Kauf nicht ausreicht. Käufer erhalten zudem oftmals deutliche Anreize zum Kauf des Bündels, da der Bündelpreis in der Regel geringer gewählt wird als die Summe der Einzelpreise. So kann der Anbieter seinen Absatz steigern. Zudem treten die Einzelpreise bei Setzung eines Bündelpreises in den Hintergrund, womit Preisvergleiche für Käufer erschwert und die Wettbewerbssituation günstig beeinflusst werden können. Für gleiche oder ähnliche Leistungen können je nach Kundengruppe, Kaufzeitpunkt, abgenommenen Mengen oder Marktgebiet auch unterschiedliche Preise angesetzt werden, was als **Preisdifferenzierung** bezeichnet wird. Hiermit kann der Anbieter unterschiedliche Zahlungsbereitschaften verschiedener Kundensegmente besser abschöpfen. Einen Überblick über Preisdifferenzierungsmöglichkeiten gibt Tabelle 37.

In Abhängigkeit von der bereits festgelegten Produkt- und Markenpolitik kann der Anbieter für seine Produkte langfristig ein bestimmtes Preisniveau wählen. Zur Erreichung der Qualitätsführerschaft und Vermittlung eines überragenden Qualitätsimages kann er einen langfristig hohen (marktüberdurchschnittlichen) Preis setzen, was als **Premiumpreisstrategie** bezeichnet wird. Bei Wahl der **Diskontpreisstrategie** wird umgekehrt ein langfristig niedriges (marktunterdurchschnittliches) Preisniveau gesetzt, um die Preisführerschaft zu erreichen und ein Niedrigpreisimage zu formen. Um mit einer Innovation schnell einen Massenmarkt zu erschließen und große Absatzmengen bei niedrigen Stückkosten zu erzielen, kann der Anbieter auch mit einem niedrigen Preis in den Markt eintreten, welcher zu späteren Zeiten schrittweise erhöht wird. Dieses Vorgehen wird als **Penetrationsstrategie** bezeichnet. Um die in der Markteinführungsphase bei einigen Käufersegmenten bestehende hohe Zahlungsbereitschaft abzuschöpfen, kann die Innovation auch zunächst zu einem relativ hohen Einführungspreis (bei niedrigen Absatzmengen und hohen Stückkosten) in den Markt eingeführt werden, welcher dann mit zunehmender Erschließung des Marktes bzw. aufkommendem Konkurrenzdruck schrittweise gesenkt wird. Ein solches Vorgehen wird als **Skimming-Strategie** bezeichnet. Schließlich befasst sich die Preispolitik mit der Festlegung von **Verkaufskonditionen** (z. B. Preisnachlässen, Liefer- und Zahlungsbedingungen).

4.2.2 Kostenorientierte Preisfestlegung

Grundgedanke

Bei der kostenorientierten Preisfestlegung (**Kosten-plus-Methode, Zuschlagskalkulation**) orientiert sich der Anbieter bei der Bestimmung seines Angebotspreises an seinen stückbezogenen Selbstkosten, auf die er einen angemessenen Gewinnaufschlag aufschlägt (vgl. Simon/Fassnacht 2016, S. 195). Dahinter steht die Überlegung, dass das Unternehmen mindestens einen kostendecken-

Bezugsebene	Bezeichnung	Umsetzung
Person	persönliche Preisdifferenzierung	kostenloses Girokonto für Studenten; Studenten-Abo für Zeitungen und Zeitschriften; Seniorentarif in Museen
Region	räumliche Preisdifferenzierung	z. T. dramatische Preisunterschiede für identische PKW oder Medikamente in verschiedenen EU-Staaten
Zeit	zeitliche Preisdifferenzierung	Sonderpreise in der Vor- und Nachsaison, hohe Preise in der Hauptsaison; Handytarife gestaffelt nach dem Zeitpunkt des Telefonats; Frühbucherrabatte; Happy-Hour-Angebote in Clubs
Leistung	leistungsbezogene Preisdifferenzierung	verschiedene Preise für Reisen der 1. und 2. Klasse bei der *Deutschen Bahn*, oder in der First, Business oder Economy Class der *Lufthansa*
Menge	mengenbezogene Preisdifferenzierung	Einräumung von Mengenrabatten für Großabnehmer
Vertriebsweg	vertriebswegbezogene Preisdifferenzierung	unterschiedliche Konditionen für Online- und Offline-Buchungen; verschiedene Tarife für Online- und Offline-Services (Brokerage, Banking); Discounter vs. Kaufhaus
Nachfragemix	Preisbündelung	Kunden, die mehrere Produkte zusammen erwerben, wird ein günstigerer Preis gewährt

Tab. 37: Möglichkeiten der Preisdifferenzierung (Quelle: Kreutzer 2013, S. 280)

den Preis erlösen muss, um seine Geschäftsaktivitäten aufrechterhalten und am Markt bestehen zu können. Wird ein Preis in Höhe der gesamten Stückkosten gefordert, so liegt die **langfristige Preisuntergrenze** vor (vgl. Voeth/Herbst 2013, S. 353 f.). Begnügt sich der Anbieter mit einem Preis in Höhe der variablen Stückkosten, so liegt die **kurzfristige Preisuntergrenze** vor. In diesem Fall entstehen dann Verluste in Höhe der fixen Kosten. Der Verzicht auf einen Gewinnaufschlag oder eine Preissetzung zu einem nicht kostendeckenden Preis kann beispielsweise in einer angespannten Absatzsituation oder zur Verhinderung des Markteintritts eines Wettbewerbers angezeigt sein.

Tools

Das übliche **Kalkulationsschema** zur Bestimmung des kostenorientierten Endverkaufspreises kann Abbildung 40 entnommen werden.

Ein Friseursalon rechnet beispielsweise mit 5,- Euro variablen Kosten pro Kundenbesuch. Als Fixkosten (z. B. Miete, Personalkosten, Strom, Wasser) werden 100.000,- Euro pro Jahr veranschlagt. Pro Jahr werden 10.000 Kundenbesuche registriert, bei denen entsprechende Friseurleistungen erbracht werden. Nach dem obigen Kalkulationsschema der kostenorientierten Preisfestlegung resultieren somit als **Selbstkosten pro Kundenbesuch** k = variable Stückkosten + Fixkosten/Anzahl Kundenbesuche = 5 + 100.000/10.000 = 15,- Euro/Kundenbesuch. Geht man davon aus, dass der Friseursalon mit einem Gewinnaufschlag von 20 Prozent auf seine Selbstkosten rechnet, so resultiert als **Nettopreis (Kosten-plus-Preis):**

p = 15 x (1 + 0,2) = 18,- Euro/Kundenbesuch

Der Bruttoverkaufspreis ergibt sich dann durch Aufschlag der Mehrwertsteuer auf den Nettopreis.

```
    variable Stückkosten
  + Fixkostenanteil
  = Selbstkosten
  + angemessener Gewinnaufschlag
  = Nettopreis (Kosten-plus-Preis)
  + Mehrwertsteuer
  = Bruttoverkaufspreis
```

Quelle: eigene Darstellung

Abb. 40: Kalkulationsschema der kostenorientierten Preisfestlegung

Kritische Reflexion

Die Vorteile der kostenorientierten Preisfestlegung liegen in der einfachen Ermittlung des Preises auf der Grundlage zur Verfügung stehender betriebsinterner Daten. Sofern in der Branche ähnliche Stückkosten und Vorstellungen über den Gewinnaufschlag bestehen, wird hiermit zugleich die Gefahr von Preiskämpfen zwischen den Anbietern reduziert. Das Vorgehen der Bestimmung des Verkaufspreises auf Grundlage der Kosten und eines angemessenen Gewinnaufschlages ist zudem von Nachfragern leicht nachvollziehbar und daher allgemein akzeptiert. Nachteilig ist jedoch, dass die Marktverhältnisse bei der Preisermittlung unzureichend berücksichtigt werden. So ist für die Ermittlung der Stückkosten die Prognose der

Absatzmenge erforderlich. Wird diese Absatzmenge beispielsweise zu hoch geschätzt, wird die geplante Menge für die nächste Periode nach unten korrigiert. Somit steigen die Stückkosten infolge der sinkenden Stückzahlen. Bei unterstelltem konstantem Gewinnaufschlag steigt dann aber auch der kalkulierte Preis für die nächste Periode. In der Folge sinkt aber der realisierte Absatz, weil der Absatz auch abhängig vom Preis ist. Wird das Verfahren so weiter angewandt, besteht die Gefahr, dass sich der Anbieter aus dem Markt »herauskalkuliert«, wenn der maximal erzielbare Preis (Prohibitivpreis) überschritten wird.

Perspektiven
Die Methode der reinen kostenorientierten Preisfestlegung kann jedoch um Marktfaktoren erweitert werden. So könnte der Gewinnaufschlag nicht für alle Perioden im Vorfeld konstant festgelegt, sondern in Abhängigkeit von der Nachfragesituation und auch von Konkurrenzfaktoren in den einzelnen Planungsperioden flexibel angepasst werden. Damit wird die beschriebene Problematik reduziert, sich aus dem Markt »herauszukalkulieren«.

4.2.3 Marktorientierte Preisfestlegung

Grundgedanke
Die marktorientierte Preisfestlegung kann nachfrager- und wettbewerberorientiert erfolgen. Bei der **nachfragerorientierten Preisfestlegung** orientiert man sich an den (maximalen) Zahlungsbereitschaften der Nachfrager bzw. dem dahinter stehenden Nutzen des Produktes bzw. der Produkteigenschaften aus Nachfragersicht (vgl. Voeth/Herbst 2013, S. 359 ff.; Simon/Fassnacht 2016, S. 465 ff.). Mit einer Preissetzung möglichst nahe an der maximalen Zahlungsbereitschaft soll der Gewinn des Anbieters durch Abschöpfung der Konsumentenrente, also der Differenz zwischen maximaler Zahlungsbereitschaft und herrschendem Preis für das Produkt, maximiert werden. Im Rahmen der **wettbewerberorientierten Preisfestlegung** bilden die Preise bzw. das Preissetzungsverhalten der Wettbewerber die relevante Grundlage zur Bestimmung des eigenen Preises. Hierhinter steht die Überlegung, dass sich der Anbieter auch an den Preisen der relevanten Wettbewerber orientieren muss, weil die Nachfrager ihren Bedarf grundsätzlich auch bei diesen Anbietern decken könnten.

Tools

Wurde das betreffende Produkt in einem Zeitraum der Vergangenheit bereits zu bestimmten Preisen abgesetzt, so lässt sich aus den in verschiedenen Vertriebsgebieten beobachteten Preis-Mengen-Kombinationen die **Preis-Absatz-Funktion** auf einfache Weise, z. B. unter Verwendung eines Tabellenkalkulationsprogramms, schätzen. Tabelle 38 zeigt in den ersten drei Spalten die dafür erforderliche Datengrundlage am Beispiel eines Unternehmens mit fünf Vertriebsgebieten, in denen das betrachtete Produkt, eine Digitalkamera, verkauft wird. Die berechneten Werte in den letzten vier Spalten dienen der Schätzung der Preis-Absatz-Funktion per linearer Regression (vgl. Grunwald/Hempelmann 2012, S. 78 ff.).

Unterstellt man einen linearen Zusammenhang zwischen Preis (p) und abgesetzter Menge (x) der Form $x = a - b \cdot p$ (mit a, b als Funktionsparametern), so lässt sich die Funktion unter Nutzung der berechneten Mittelwerte für den Preis und den Absatz anhand der Arbeitstabelle schätzen. Die Preis-Absatz-Funktion lässt sich

Vertriebsgebiet (i)	Preis (p) (in €/Stück)	Absatz (x) (in Stück)	$(p_i - \bar{p})$	$(p_i - \bar{p})^2$	$(x_i - \bar{x})$	$(p_i - \bar{p}) \cdot (x_i - \bar{x})$
1	125	6.350	-5	25	350	-1.750
2	134	5.750	4	16	-250	-1.000
3	130	6.000	0	0	0	0
4	138	5.400	8	64	-600	-4.800
5	123	6.500	-7	49	500	-3.500
Summe	650	30.000	0	154	0	-11.050
Mittelwerte	$\bar{p} = 650/5 = 130$	$\bar{x} = 30.000/5 = 6.000$	Schätzung der Regressionsgerade ($x = a - b \cdot p$): b = -11.050 / 154 = -71,75 a = 6.000 – (-71,75) · 130 = 15.327,92			

Tab. 38: Arbeitstabelle zur Schätzung einer Preis-Absatz-Funktion

für das Beispiel mit x = 15.327,92 – 71,75 p bzw. – umgeformt nach p – mit p = 213,63 – 0,0139 x angeben. Es ergibt sich für den Regressionskoeffizienten, der die Steigung der Funktion angibt, ein Wert von b = -71,75. Eine Preiserhöhung um eine Einheit bewirkt also einen Absatzrückgang um 71,75 Stück. Der Funktionsparameter a gibt die **Sättigungsmenge** an, also den maximal möglichen Absatz bei einem Preis von 0. Die Sättigungsmenge beträgt im vorliegenden Fall 15.327,92 Stück. Zudem lässt sich der **Prohibitivpreis** berechnen, also der maximal mögliche Preis, bei dem der Absatz zum Erliegen kommt. Setzt man für x = 0 in die Preis-Absatz-Funktion ein und formt nach p um, so resultiert als Prohibitivpreis:

$$p = a/b = 15.327{,}92/71{,}75 = 213{,}63 \text{ Euro}$$

Um den **gewinnmaximalen Preis** näherungsweise zu bestimmen, lassen sich für variierende Preise auf Grundlage der Preis-Absatz-Funktion mithilfe eines Tabellenkalkulationsprogramms der zugehörige Absatz und Umsatz sowie, unter Berücksichtigung der Kosten, der zugehörige Gewinn anhand von Tabelle 39 berechnen. Hierzu sei angenommen, dass die Stückkosten der Produktion 60 Euro betragen.

Wie zu erkennen ist, steigt der Gewinn bis zu einem Preis von p = 137 Euro immer weiter an und fällt dann ab. Der gewinnmaximale Preis liegt also ungefähr bei p = 137 Euro. Um den gewinnmaximalen Preis exakter bestimmen zu können, kann die obige Rechnung mit feiner variierten Preisen im Bereich zwischen 136 Euro und 137 Euro wiederholt durchgeführt werden. Der gewinnmaximale Preis kann bei Kenntnis der Preis-Absatz-Funktion auch exakt mittels Differentialrechnung (aus der Bedingung »Grenzumsatz gleich Grenzkosten«) bestimmt werden. Der gewinnmaximale Preis beträgt im vorliegenden Fall p* = ½ · (213,63 + 60) = 136,82 Euro.

Die Kenntnis der Preis-Absatz-Funktion ist für den Anbieter wichtig, weil er hieran verschiedene Größen ablesen kann, die sein Preissetzungsverhalten beeinflussen.

Mögliche Erkenntnisse aus der Preis-Absatz-Funktion

- **Prohibitivpreis:** derjenige Preis, bei dem der Absatz Null wird
- **Sättigungsmenge:** maximal möglicher Absatz bei einem Preis von Null
- **Absatzprognose:** zukünftig möglicher Absatz (berechnet durch Einsetzen von Preisen in die geschätzte Preis-Absatz-Funktion)
- **Marktform:** Form und Lage (Steigung) der Funktion (z. B. Polypol bei eher starker Absatzreaktion auf eine gegebene Preisänderung, Monopol bei eher schwacher Absatzreaktion auf eine gegebene Preisänderung)

- **Preiselastizität:** Maß für die relative Änderung des Absatzes bei einer relativen Änderung des Preises
- **Preisschwellen:** erkennbar an relativ starker Änderung des Absatzes bei Über- oder Unterschreiten eines bestimmten Preises (Grenzpreises)
- **Markenstärke:** Je weniger der Absatz auf Preiserhöhungen reagiert, desto stärker könnte die Markentreue bei Nachfragern ausgeprägt sein.

Sofern der Markt aus verschiedenen Marktsegmenten mit unterschiedlichen maximalen Zahlungsbereitschaften und Preiselastizitäten besteht, kann der Anbieter möglicherweise seinen Gewinn durch Setzung unterschiedlicher Preise für das gleiche Produkt in den unterschiedlichen Segmenten im Rahmen der **Preisdifferenzierung** steigern. Hierzu hat der Anbieter dann zu-

Preis p	Absatz x	Umsatz $U = p \cdot x$	Kosten $K = k \cdot x$	Gewinn $G = U - K$
130	6000,42	780054,60	360025,2	420029,40
131	5928,67	776655,77	355720,2	420935,57
132	5856,92	773113,44	351415,2	421698,24
133	5785,17	769427,61	347110,2	422317,41
134	5713,42	765598,28	342805,2	422793,08
135	5641,67	761625,45	338500,2	423125,25
136	5569,92	757509,12	334195,2	423313,92
137	**5498,17**	**753249,29**	**329890,2**	**423359,09**
138	5426,42	748845,96	325585,2	423260,76
139	5354,67	744299,13	321280,2	423018,93
140	5282,92	739608,80	316975,2	422633,60

Tab. 39: Arbeitstabelle zur Bestimmung des gewinnmaximalen Preises

nächst die unterschiedlichen Preis-Absatz-Funktionen der Marktsegmente zu schätzen. Nach dem oben beschriebenen Schema lassen sich dann für die verschiedenen Segmente die gewinnmaximalen Preise und Absatzmengen sowie die zugehörigen maximalen Gewinne errechnen. Der resultierende Gesamtgewinn kann dann im Wege der Gewinnvergleichsrechnung mit jenem Gewinn verglichen werden, der sich bei einheitlicher Preissetzung für den Gesamtmarkt ergeben würde. Zur Ermittlung des optimalen Preises bei einheitlicher (undifferenzierter) Preissetzung lassen sich die verschiedenen Preis-Absatz-Funktionen der Teilmärkte nach x umformen und per Queraddition (horizontale Addition) zusammenfassen.

Die Preisbündelung lässt sich als spezielle Form der Preisdifferenzierung auffassen, da einzelne Produkte grundsätzlich anders bepreist werden als Produkte, die im Verbund zu einem Bündelpreis angeboten werden. Auch bei der **Preisbündelung** wird die marktorientierte Preisbildung auf Basis der Zahlungsbereitschaften der Käufer zur Ableitung eines optimalen Bündelpreises angewandt. Zur Umsetzung können die folgenden logisch aufeinander aufbauenden Fragen vom Anbieter beantwortet werden.

Fragestellungen zur Umsetzung der Preisbündelung

- Welche Einzelprodukte werden von Nachfragern vermehrt (gemeinsam) gekauft? Gibt es Einzelprodukte, die sich einzeln nur schwer verkaufen lassen?
- Welche Einzelprodukte können grundsätzlich gebündelt werden? Welche Kosten entstehen dabei durch die Bündelung?
- Was zeichnet das Produktbündel aus Sicht der Nachfrager aus? Entsteht ein Zusatznutzen durch die Bündelung (z. B. Wahrnehmung des Produkts als ganzheitliche Problemlösung)?
- Welchen Maximalpreis akzeptieren die Nachfrager für das Produktbündel? Ist dieser Preis höher oder niedriger als die Summe der Einzelpreise?
- Wie viele Nachfrager würden das Produktbündel zum Maximalpreis oder einem darunter liegenden Preis kaufen? Wie viele Nachfrager würden weiterhin lieber die Einzelprodukte separat erwerben?
- Welche Chancen und Risiken ergeben sich durch die Bündelung (z. B. Verschleierung von Einzelpreisen, die als zu teuer empfunden werden, Verbergen von Preiserhöhungen, fehlende Preistransparenz)?

Nicht immer stehen dem Anbieter jedoch umfassende Preis- und Mengendaten zur Verfügung, aus denen sich eine Preis-Absatz-Funktion ermitteln lässt. Eine Alternative zur nachfragerorientierten Preisfestlegung auf Basis der Preis-Absatz-Funktion, z. B. auch auf B2B-Märkten, auf denen häufig Geschäftsbeziehungen zu wenigen großen Kunden im Fokus stehen, stellt die **nutzenorientierte Preisfestlegung** dar. Der Nutzen kann definiert werden als Grad der erwarteten Bedürfniserfüllung durch ein bestimmtes Produktangebot (vgl. Grunwald/Hempelmann 2017, S. 10) und steht in enger Relation zur Zahlungsbereitschaft. Es kann davon ausgegangen werden, dass sich ein hoher Nutzen auch in einer hohen Zahlungs-

Fragestellungen	Ansätze zur Quantifizierung
1. a) Welche Kosten entstehen dem Kunden bei der Nutzung des derzeitigen Produktes (z. B. einer Maschine) während der gesamten Nutzungsdauer?	Einkaufspreis, Kosten der Inbetriebnahme, Betriebskosten, Ausschusskosten, Rücknahmekosten
b) Welche Kosten würden dem Kunden bei der Nutzung des vom Anbieter angebotenen Produkts entstehen?	(s. o.); zusätzlich: Informationssuche, Beratung, Anbieter-/Produktvergleich, Kommunikation in der Belegschaft zur Entkräftung von Opponenten, Integration in die bestehenden Prozesse
2. a) Welche Erlöse kann der Kunde mit dem derzeit genutzten Produkt über die Zeit der Nutzung generieren?	Qualität des derzeit mit der Maschine hergestellten Produkts, durchschnittlicher Verkaufspreis, Absatzzahlen
b) Welche Erlöse kann der Kunde mit dem vom Anbieter angebotenen Produkt voraussichtlich erzielen?	potenziell verbesserte Qualität des neuen Produkts, Bedienung weiterer Marktsegmente
3. Besteht eine positive Nettonutzendifferenz zugunsten des vom Anbieter angebotenen Produkts? Wie groß fällt diese aus?	(Erlöse – Kosten des angebotenen Produkts) – (Erlöse – Kosten des derzeit genutzten Produkts)
4. In welcher Höhe kann die positive Nettonutzendifferenz in einem höheren Preis für das angebotene Produkt reflektiert werden?	(weitere) Anreize des Kunden zum Produktwechsel, Verfügbarkeit von Alternativen, derzeitige Situation des Kundenunternehmens (Geschäftslage), Pläne des Kunden

Tab. 40: Fragenkatalog zur nutzenorientierten Preisfestlegung im B2B-Bereich

bereitschaft reflektiert. Eine Möglichkeit, Preisspielräume auf Basis des Nutzens abzuschätzen, besteht darin, die Wirtschaftlichkeit bzw. auch die Kosten eines derzeit vom Kunden genutzten Produktes über den gesamten Lebenszyklus hinweg nachzuvollziehen. Weist nun aus Sicht des Kunden das zu vermarktende Produkt des Anbieters eine höhere Wirtschaftlichkeit (bzw. geringere Kosten) auf, so deutet die entsprechende Differenz auf einen Preisspielraum für das zu vermarktende Produkt hin (vgl. Simon/Fassnacht 2009, S. 447; Homburg 2017, S. 739). Für die praktische Durchführung der nutzenorientierten Preisfestlegung, speziell im B2B-Marketing, kann der in Tabelle 40 dargestellte Fragenkatalog genutzt werden.

Für die **wettbewerberorientierte Preisfestlegung** stehen verschiedene Wertmaßstäbe als Orientierung für die Bemessung des eigenen Angebotspreises zur Verfügung. Grundsätzlich sollte ein Anbieter das Preissetzungsverhalten der Wettbewerber in seiner eigenen Preisfestlegung berücksichtigen, wenn Käufer die angebotene Leistung auch bei anderen Anbietern erstehen können und deren Qualitäten und Preise für sie transparent sind. Eine hohe Bedeutung erfährt die wettbewerberorientierte Preisfestlegung auch bei öffentlichen Ausschreibungen (Submissionen), bei denen verschiedene Anbieter Angebote auf vom Kunden veröffentlichte Leistungsspezifikationen abgeben und somit in einem Bieterwettbewerb um den geringsten Angebotspreis stehen. Bei der wettbewerberorientierten Preisfestlegung kann sich der Anbieter an den folgenden Leitfragen orientieren.

Leitfragen zur Umsetzung einer wettbewerberorientierten Preisfestlegung

- Wie stark achten Käufer auf die Preise der Wettbewerber? Kennen Käufer relevante Wettbewerber und deren Preise? Wie transparent ist der Markt?
- Wie hoch ist der Preis, den die Konkurrenz für ein vergleichbares Angebot verlangt?
- Welcher Konkurrent hat den höchsten bzw. niedrigsten Preis?
- Wie hoch ist der durchschnittliche Branchenpreis?
- Welchen Preis verlangt der Marktführer (wichtigste Wettbewerber)?
- Mit welchem Preis habe ich mich bei einer vergangenen Ausschreibung beteiligt? Welcher Anbieter hat seinerzeit den Zuschlag erhalten? Mit welchem Preis hat sich ein Wettbewerber bei einer vergangenen Ausschreibung beteiligt?
- Was unterscheidet das eigene Angebot vom Konkurrenzangebot (Preis-Leistungs-Verhältnis)?
- Wie würden Wettbewerber auf eigene Preisänderungen reagieren? Wie haben Wettbewerber in der Vergangenheit auf eigene Preisänderungen reagiert oder generell ihre Preissetzung angepasst?

Mit einer Preissetzung unterhalb des Angebotspreises relevanter Wettbewerber besteht zum einen die Chance, die Nachfrage der Käufer auf das eigene Angebot zu lenken. Orientiert sich andererseits der Anbieter an der Preissetzung der Wettbewerber, können hiermit auch Preiskämpfe vermieden oder reduziert werden. Insgesamt dient die wettbewerberorientierte Preisfestlegung auch zur **Preis-Leistungs-Positionierung** im Wettbewerb, also dazu, die eigenen Leistungen im Wettbewerb in der Wahrnehmung der Käufer, passend zur Qualität und Marke, erfolgreich zu positionieren. Hierzu kann von Kunden bezogen auf die Anbieter und deren Angebote im Markt die wahrgenommene relative Qualität und der wahrgenommene relative Preis erhoben und in einem Portfolio, wie in Abbildung 41, gegenübergestellt werden.

Kritische Reflexion

Für die nachfragerorientierte Preisfestlegung ist die Kenntnis der Zahlungsbereitschaft der Nachfrager oder deren Nutzeneinschätzung von Produktalternativen erforderlich. Die nutzenorientierte Preisfestlegung erfordert genaue Kenntnisse über die Wahrnehmung von Kosten und Nutzen des Produktes aus Nachfragersicht, die in der Regel nur durch eine Form der Kooperation (z. B. durch Kundenintegration) erlangt werden können. Die

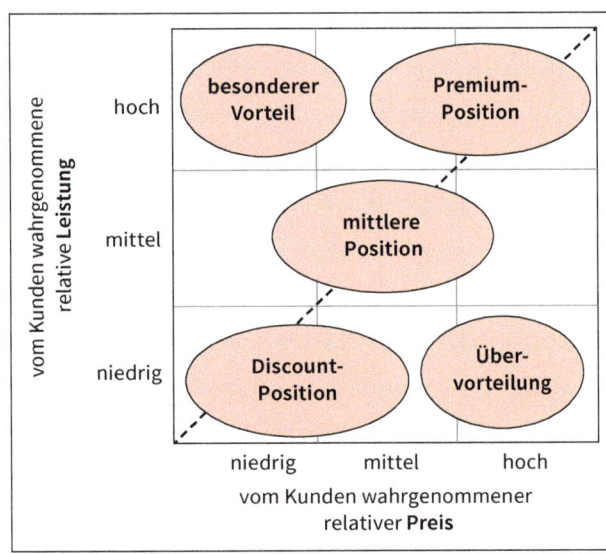

Quelle: vgl. Simon/Fassnacht 2016, S. 48; Business-wissen.de o. J.

Abb. 41: Preis-Leistungs-Positionierung im Wettbewerb

Bereitschaft zur Kundenintegration dürfte jedoch – insbesondere in Erwartung steigender Preise – nicht stets in hinreichendem Maße vorliegen.

Sofern sich aus Marktdaten entsprechende Preis-Mengen-Relationen ableiten lassen, kann dann vergleichsweise einfach mit statistischen Methoden die Preis-Absatz-Funktion geschätzt werden, die als Grundlage zur Bestimmung gewinnmaximaler Preise dienen kann. Die Preis-Absatz-Funktion stellt jedoch lediglich ein Modell dar, das die tatsächliche Nachfragereaktion auf Preisänderungen in der Regel nur unvollständig abbildet.

Perspektiven
Für eine realistische Schätzung der Preis-Absatz-Funktion können weitere Einflussfaktoren einbezogen werden, wie z. B. Werbeausgaben, die Anzahl der eingesetzten Außendienstmitarbeiter, ein Qualitätsindex zur Beschreibung der Produktqualität (relativ zur Qualität der Wettbewerberprodukte) oder auch Marketingaktivitäten von Wettbewerbern. Die Schätzung der Preis-Absatz-Funktion ist zu wiederholen, wenn sich die Marktverhältnisse verändert haben, also etwa bestehende Anbieter wegfallen oder neue hinzukommen. Für die wettbewerberorientierte Preisfestlegung ist das Preissetzungsverhalten der Wettbewerber, etwa im Rahmen eigener oder in Auftrag gegebener Wettbewerbsmarktforschung, regelmäßig zu erheben und zu analysieren. Hierbei sollten auch die Wettbewerberstrategien berücksichtigt werden, um die Gründe für eine z. B. veränderte Preissetzung besser nachvollziehen zu können.

4.3 Distributionspolitik

4.3.1 Überblick über die Gestaltungsalternativen

Die Distributionspolitik befasst sich zum einen mit der Gestaltung und Optimierung der Verkaufsprozesse (akquisitorische Distribution) im Rahmen des Absatzkanalsystems und zum anderen mit der Gestaltung und Optimierung der Warenverteilung im Rahmen des Absatzlogistiksystems (vgl. zum Folgenden Grunwald/Hempelmann 2017, S. 341 ff.; Homburg 2017, S. 863 ff. sowie Olbrich 2006, S. 218 ff.).

Zum **Absatzkanalsystem** gehören sowohl Verkaufsorgane des Herstellers wie auch Absatzmittler, nämlich Groß- und Einzelhändler. Die Verkaufsorgane des Herstellers lassen sich weiter unterteilen in interne Aufgabenträger (festangestellte Reisende, Verkaufsabteilungen bzw. Verkaufsniederlassungen) und externe Aufgabenträger (Handelsvertreter, die auf Provisionsbasis Vertriebsaufgaben übernehmen und Kommissionäre als unterstützende Organe ohne eigenes Absatzrisiko). Die Gestaltungsalternativen des Absatzkanalsystems lassen sich weiter nach der Länge, Breite und Tiefe des Absatzkanals differenzieren.

- Die **Länge des Absatzkanals** gibt die Anzahl der Absatzkanalstufen an, über die das Produkt vom Hersteller an den Endkunden abgesetzt wird. Die Gestaltungsalternativen reichen hier von einem **kurzen Absatzkanal** durch Direktvertrieb des Anbieters, also ohne Einschaltung von Handelsstufen, mit oder ohne Beteiligung des Außendienstes bis hin zu einem **langen Absatzkanal** unter Einschaltung mehrerer Groß- und Einzelhandelsstufen.
- Die **Breite des Absatzkanals** definiert die Anzahl der Verkaufsstätten (z. B. der eingeschalteten Händler bzw. der eigenen Filialen), an denen die Produkte verkauft werden sollen.
- Die **Tiefe des Absatzkanals** betrifft die Frage, über welche und wie viele unterschiedliche Handelsbetriebstypen (z. B. Kaufhäuser, Verbrauchermärkte, Facheinzelhandel, Discounter) bzw. eigene Filialtypen die Produkte angeboten werden sollen (vgl. Grunwald/Hempelmann 2017, S. 342). Die Gestaltungsalternativen reichen hier von einem Universalvertrieb, bei dem keine Einschränkung der das Produkt vermarktenden Händler erfolgt, über den Selektivvertrieb, bei dem eine qualitative Auswahl von Händlern erfolgt, bis hin zum Exklusivvertrieb, bei dem die Art und auch Anzahl der Händler, die das Produkt vermarkten dürfen, in hohem Maße begrenzt wird.

Die Entscheidungen zur Länge des Absatzkanals werden auch unter dem Begriff **vertikale Selektion** subsumiert. Die **horizontale Selektion** umfasst dann die Entscheidungen zur Breite und Tiefe des Absatzkanals. Beim **Mehrkanalvertrieb (Multi-Channel-Marketing)** werden verschiedene (lange und kurze) Absatzkanäle, die sich weiter nach der Breite und Tiefe differenzieren lassen, parallel zur Vermarktung eingesetzt.

Während die so definierte Festlegung der grundsätzlichen Struktur des Absatzkanalsystems eher strategischen Charakter aufweist, lassen sich die jeweiligen Maßnahmen zur Unterstützung der Verkaufsaktivitäten und der Abstimmung der verschiedenen Kanäle und Vertriebspartner (z. B. Einsatzpläne für die Außendienstmitarbeiter, Außendienstberichte zur Vorbereitung und Analyse von Kundenkontakten, Kontrollen zur Sicherstellung der Verkaufsqualität usw.) eher dem taktisch-operativen Bereich der Distributionspolitik zuordnen.

Das **Absatzlogistiksystem** dient der Überbrückung der zeitlichen, räumlichen, quantitativen und qualitativen Spannungen zwischen Produktion und Konsum. Strategische Entscheidungen bestehen beispielsweise in der

Gestaltung des Informationsflusses zwischen den an der Warenverteilung beteiligten Unternehmen in der Lieferkette, der Standortwahl sowie in der Übernahme oder Auslagerung logistischer Prozesse (Make-or-Buy). Taktisch-operative Entscheidungen bestehen beispielsweise in der Festlegung des Lieferservicegrades, der Lagerbewirtschaftung, der Verpackungswahl, der Transportmittelwahl (Land-, Luft-, Wasserverkehr) und in der Rücknahme ausgedienter Produkte oder Verpackungen, um diese zu recyceln, wiederaufzubereiten und dem Produktionsprozess wieder zuzuführen.

4.3.2 Gestaltung des Absatzkanalsystems

Grundgedanke

Bei der **Länge des Absatzkanals** geht es zunächst um die Frage, wie viele Handelsstufen zur Vermarktung der Produkte eingeschaltet werden sollen. Keine? Eine? Zwei? Mehr als zwei? Die Einschaltung des Handels im Falle des **indirekten Vertriebs** kann für Nachfrager und Anbieter vorteilhaft sein, weil der Handel

- Kunden die Ware durch Lagerung und Übernahme von Kreditfunktionen bereits im Zeitpunkt der Entstehung eines Bedürfnisses bzw. Bedarfs anbieten kann, womit der Anbieter schneller und mehr Absatz generieren kann (Funktion des zeitlichen Ausgleichs).
- Kunden die Ware dezentral vor Ort anbieten kann (Funktion des räumlichen Ausgleichs).
- Kunden auch kleinste Mengen eines Produkts bedarfsgerecht anbieten kann und kleinere Nachfragemengen für den Anbieter zu größeren Produktionsaufträgen bündelt (Funktion des quantitativen Ausgleichs).
- Kunden ein ganzes Sortiment von Produkten verschiedener Hersteller anbieten kann, das er um eigene Dienstleistungen (wie Beratung, Installation, Wartung, Reparatur) passend zur Problemlage des Kunden ergänzt (Funktion des qualitativen Ausgleichs) (vgl. zu den Handelsfunktionen auch Hansen 1990, S. 15 ff.).

Mit der Entscheidung zugunsten der Einschaltung von Händlern geht auf der anderen Seite aber auch ein gewisser Autonomieverlust im Marketing einher, da nun auch die Händler über die Vermarktung der Produkte bestimmen. Sie legen die Endverkaufspreise autonom fest und können auch eigene Marketingmaßnahmen an die Endkunden richten. Der Koordinationsaufwand kann dadurch für den Anbieter steigen. Zudem bestehen Konfliktpotenziale durch unterschiedliche Ziele und gegebenenfalls auch einseitige Machtausübung der Beteiligten.

Verzichtet der Anbieter auf die Einschaltung von Händlern, wählt er also den **direkten Vertrieb,** so ist nachgelagert zu klären, ob hierfür eine **Verkaufsorganisation,** also ein Außendienst, Verkaufsniederlassungen in den Vertriebsgebieten usw., eingesetzt werden soll oder ob die Produkte über **Direct Marketing,** also etwa einen Online-Shop, über einen Katalog, Werbebriefe bzw. Mailings oder über eigene **Filialen** abgesetzt werden sollen.

Wird für die Vermarktung eine Verkaufsorganisation gewählt, ist weiter über die **Außendienststruktur** zu entscheiden. Hierbei steht die Frage im Mittelpunkt, ob die Vertriebsaufgaben eher von Reisenden oder von Handelsvertretern übernommen werden sollen (vgl. Voeth/Herbst 2013, S. 419):

- **Reisende** sind weisungsgebundene Mitarbeiter des Unternehmens, die ihre Kunden nach den Vorgaben der Verkaufsleitung betreuen. Sie werden typischerweise primär über ein Fixgehalt und ergänzend über eine umsatzabhängige Provision oder Prämien entlohnt.
- **Handelsvertreter** sind selbstständig tätig und daher grundsätzlich nicht weisungsgebunden und können auch für verschiedene Anbieter Vertriebsaufgaben wahrnehmen. Üblicherweise werden sie primär durch eine umsatzabhängige Provision entlohnt. Je nach vertraglicher Regelung ist auch ein ergänzendes Fixgehalt möglich.

Der **Mehrkanalvertrieb** (Multi-Channel-Marketing) kann vom Anbieter eingesetzt werden, um

- Einsparpotenziale (z. B. durch Auslagerung von Serviceaktivitäten in das Internet) zu nutzen,
- Marktabdeckung und Wahrnehmung im Markt zu verbessern,
- neue Nachfragersegmente (z. B. jüngere Käufergruppen) hinzuzugewinnen,
- wahrgenommene Kaufrisiken im Kaufentscheidungsprozess von Käufern durch sich ergänzende Informations- und Beratungsangebote verschiedener Kanäle abzubauen,
- Kundenzufriedenheit (z. B. durch leicht zugängliche Kanäle und eine intensivere Betreuung vorhandener Kunden) zu verbessern und
- Kundenbindung (Wiederkäufe, Zusatzkäufe, Weiterempfehlungen) zu steigern.

Um diese Vorteile realisieren zu können, ist ein iterativer **Multi-Channel-Management-Prozess** empfehlenswert, bestehend aus den Phasen

- der Integration neuer Kanäle,

- der Konfiguration im Sinne der Zuordnung von Aufgaben zu den bestehenden Kanälen und
- der Koordination im Sinne der Abstimmung und Steuerung des Mehrkanalsystems (vgl. Voeth/Herbst 2013, S. 458).

Tools

Zur Unterstützung der Wahl der geeigneten **Länge des Absatzkanals** kann ein Anbieter die in Tabelle 41 gestellten Fragen beantworten.

Je häufiger die Fragen in Tabelle 41 mit »Ja« beantwortet werden, desto eher kommt ein indirekter Vertrieb unter Einschaltung von Handelsstufen in Betracht.

Um bei Wahl des direkten Vertriebs zwischen **Reisenden vs. Handelsvertretern** zu entscheiden, kann auf den in Tabelle 42 dargestellten Fragenkatalog zurückgegriffen werden.

Je häufiger die Fragen mit »Ja« beantwortet werden, desto eher ist die Entscheidung zugunsten der Reisenden zu treffen.

Zur Analyse der **Breite des Absatzkanals** kann die Abdeckung des Marktgebietes mit dem eigenen Produkt (der eigenen Marke) ermittelt werden (vgl. Grunwald/Hempelmann 2017, S. 352). Hierzu eignen sich die Kennzahlen Distributionsgrad (-quote) und Distributionsdichte:

- Der **numerische Distributionsgrad** gibt den Anteil der belieferten Verkaufsstellen an der Anzahl aller geeigneten Verkaufsstellen an. Da in dieser Kennzahl jedoch die Umsatzbedeutung der Verkaufsstellen vernachlässigt wird, empfiehlt sich die ergänzende Berechnung des gewichteten Distributionsgrads.
- Der **gewichtete Distributionsgrad** drückt den Anteil des Umsatzes der belieferten Verkaufsstellen mit dem Produkt an dem Umsatz aller Verkaufsstellen mit dieser Warengruppe aus.
- Die **Distributionsdichte** gibt den Anteil der Verkaufsstellen, die in einem Absatzgebiet ein bestimmtes Produkt oder eine bestimmte Marke führen, an der Fläche des Absatzgebietes an. Alternativ zur Fläche als Bezugsgröße können auch die Einwohnerzahl oder die Zahl der Haushalte verwendet werden.

Die betrachteten Kennzahlen sind vor allem in Verbindung mit Vergleichswerten aussagekräftig. So können Veränderungen beim Distributionsgrad bzw. der Distributionsdichte

- im Zeitablauf (früher vs. heute),
- im Vergleich zu vorgegebenen Soll-Werten, die eine vorgegebene Marktabdeckung anzeigen, sowie
- im Vergleich mit Wettbewerbern

Kriterium	Fragestellung	Antwort	
1. kundenbezogene Faktoren		Ja	Nein
• Kundenstruktur	Haben Sie viele kleine Kunden?	☐	☐
• Absatzgebiet	Haben Sie ein eher großes Absatzgebiet?	☐	☐
• Mobilität	Sind Ihre Kunden nicht bereit, längere Wege zum Kaufort zurückzulegen?	☐	☐
• Kundenwünsche	Sind die Kundenwünsche eher standardisiert?	☐	☐
• Serviceanforderungen	Benötigen Ihre Kunden wenig Unterstützung bei Aufbau, Installation und Einweisung in die Produkte?	☐	☐
• Kaufverhalten	Wird der Bedarf häufig und in kleinen Mengen gedeckt?	☐	☐
2. produktbezogene Faktoren		Ja	Nein
• Erklärungsbedürftigkeit	Besteht Ihr Angebot aus wenig beratungsintensiven Produkten?	☐	☐
• Transport- und Lagerfähigkeit	Stellt Ihr Produkt keine besonderen Anforderungen an Transport und Lagerung?	☐	☐
• Produktpreis	Bieten Sie eher niedrigpreisige Produkte an?	☐	☐
• Sortimentsumfang	Bieten Sie viele Produkte an?	☐	☐
3. unternehmensbezogene Faktoren		Ja	Nein
• Finanzausstattung	Wäre der Aufbau eines eigenen Vertriebsnetzes mit hohen Kosten verbunden?	☐	☐
• Bekanntheit und Reputation	Verfügen Sie über eine im Markt etablierte, starke Marke?	☐	☐
• Marktkenntnis	Liegen nur begrenzte Kenntnisse über den Markt vor?	☐	☐

Tab. 41: Checkliste zur Wahl der Länge des Absatzkanals (Quelle: vgl. Grunwald/Hempelmann 2017, S. 344 f.)

Kriterium	Fragestellung	Antwort	
		Ja	Nein
• Steuer-/Kontrollierbarkeit	Kommt es für die Vermarktung der Produkte vor allem auf eine einfache Steuer- und Kontrollierbarkeit des Außendienstmitarbeiters an?	☐	☐
• Beratungskompetenz	Kommt es für die Vermarktung der Produkte vor allem auf ein tiefes, produktspezifisches Fachwissen an?	☐	☐
• Verkaufsanstrengungen	Kommt es weniger auf einen schnellen als mehr auf einen nachhaltigen Verkaufserfolg an?	☐	☐
• Kundenkenntnis	Ist die intensive Kenntnis der Kunden und ihrer Bedürfnisse für die Vermarktung besonders relevant?	☐	☐
• Beschwerdeabwicklung	Kommt es auf eine zügige und reibungslose Beschwerdeabwicklung an?	☐	☐

Tab. 42: Checkliste für die Wahl zwischen Reisenden und Handelsvertretern (Quelle: vgl. Grunwald/Hempelmann 2017, S. 352)

Aufschlüsse über die zu ergreifenden Maßnahmen zur Verbesserung der Marktabdeckung geben.

Neben einer solchen generellen quantitativen Analyse anhand von Kennzahlen der Marktabdeckung sind bei der Wahl der geeigneten Breite der Distribution auch spezielle qualitative Aspekte zu beachten. Entsprechende Kriterien können anhand der in Tabelle 43 formulierten Fragen vom Entscheider geprüft werden.

Für die Wahl der **Tiefe des Absatzkanals** können die in Tabelle 44 dargestellten Ziele als Beurteilungskriterien für den Vergleich von Universal-, Selektiv- und Exklusivvertrieb verwendet werden.

Eine hohe Wichtigkeit bei den ersten sechs in Tabelle 44 angeführten Faktoren weist auf die Überlegenheit des Exklusiv- bzw. Selektivvertriebs gegenüber dem Universalvertrieb hin. Eine hohe Wichtigkeit der letzten beiden

Kriterien	Fragen
regionale Besonderheiten	• Wie groß ist das Interesse der Käufer an dem betreffenden Produkt in unterschiedlichen Marktregionen? • Weichen die Bedürfnisse und Bedarfe in einzelnen Regionen des Marktes voneinander ab? • Weichen die Zahlungsbereitschaften für das Produkt in unterschiedlichen Marktregionen voneinander ab? • Lassen sich die Produkte nur in bestimmten Regionen sinnvoll (mit angemessenem Aufwand) vermarkten?
Einlistungsbereitschaft der Händler	• Wie groß ist die Bereitschaft der Händler, das Produkt in den jeweiligen Regionen des Marktes einzulisten? • Werden (hohe) Listungsgelder für die Aufnahme in die Regale der Händler gefordert?
Kapazitäten des Herstellers	• Liegen für die Marktabdeckung des Gesamtmarktes mit dem Produkt genügend Produktionskapazitäten vor? • Sind die Verkaufskapazitäten im Vertrieb zur Vermarktung des Produktes in dem gesamten Absatzgebiet hinreichend groß? • Ist die Absatzlogistik auf die Vermarktung des Produktes in dem Gesamtmarkt vorbereitet?
Rückwirkungen auf die Markenpolitik	• Inwieweit unterstützt eine breite Distribution die Markenbekanntheit? • Können durch eine breite Distribution Einspareffekte beim Markenaufbau und bei der Markenführung realisiert werden? • Welche Veränderungen sind durch eine breite Distribution auf das Markenimage zu erwarten?

Tab. 43: Einflussfaktoren auf die Wahl der Breite des Absatzkanals

Beurteilungskriterien	sehr wichtig				sehr unwichtig
1. intensive Verkaufsanstrengung des Händlers	☐	☐	☐	☐	☐
2. qualitativ hochwertige Beratung	☐	☐	☐	☐	☐
3. einheitliches Auftreten im Markt	☐	☐	☐	☐	☐
4. hohe Absatzkanalkontrolle	☐	☐	☐	☐	☐
5. Aufbau eines Qualitätsimages	☐	☐	☐	☐	☐
6. Erzielung hoher Endverkaufspreise	☐	☐	☐	☐	☐
7. Erreichung hoher Marktabdeckung (Ubiquität)	☐	☐	☐	☐	☐
8. rasche Erzielung eines hohen Bekanntheitsgrades	☐	☐	☐	☐	☐
...	☐	☐	☐	☐	☐

Tab. 44: Beurteilungskriterien zur Bestimmung der Tiefe des Absatzkanals

aufgeführten Faktoren deutet auf die relative Vorteilhaftigkeit des Universalvertriebs hin.

Sollen im Rahmen des **Mehrkanalvertriebs (Multi-Channel-Marketing)** neue Kanäle in ein bestehendes System integriert werden, sollten zunächst die bestehenden Kanäle analysiert und beurteilt werden, um etwaige Lücken im Funktionsumfang aufzudecken. Solche Lücken könnten dann durch die Aufnahme weiterer Kanäle potenziell geschlossen werden. Zu diesem Zweck lassen sich die Erwartungen der Käufer an die verschiedenen Kanäle (Soll) und deren Nutzung und Beurteilung (Ist) **aus Kundensicht** gegenüberstellen. Hierzu kann folgender Fragenkatalog genutzt werden:

> **Leitfragen zur Analyse der Erfüllung von Absatzkanalfunktionen aus Nachfragersicht**
>
> - Welche Funktionen erwarten Käufer von den jeweiligen Kanälen in der Vorkauf- und Nachkaufphase (z. B. Anregung zum Kauf, Informationssuche und Beratung, Vergleich von Alternativen, Reduktion wahrgenommener Kaufrisiken, Kaufabschluss, Abwicklung von eventuellen Reklamationen, Wartungen, Reparaturen usw.)?
> - Aus welchen Gründen wählen Käufer derzeit welche Kanäle?
> - Wann wählen Käufer welche Kanäle? In welchen Situationen? In welchen Phasen des Kaufentscheidungsprozesses?
> - Welche Produkte/Leistungen des Sortiments werden bevorzugt in welchen Kanälen gekauft? Möchten Käufer z. B. die Ware vor Ort inspizieren?

- Wann wählen Käufer einen einzelnen Kanal, wann werden welche Kanäle kombiniert genutzt?
- Welche der vom Kunden erwarteten Funktionen werden durch die bisherigen Kanäle (in der bisherigen Nutzung) nur unzureichend abgebildet?
- Welche zusätzlichen Funktionen könnten durch die Aufnahme weiterer Kanäle für Kunden noch erfüllt werden?

Um darzustellen, wie intensiv und aus welchen Gründen (zur Erfüllung welcher Funktionen) Kunden die bisher bestehenden Kanäle nutzen, kann auf eine **Distributionskanalkurve** zurückgegriffen werden (vgl. Reinecke/Janz 2007, S. 332). Hiermit lässt sich das Nutzerverhalten sowohl in Bezug auf einzelne, isoliert genutzte Kanäle wie auch für genutzte Kanalkombinationen abbilden (vgl. Abbildung 42).

Zur Beurteilung der Vorteilhaftigkeit der Aufnahme eines oder mehrerer neuer Kanäle in das Mehrkanalvertriebssystem sowie zur Beurteilung des gesamten Systems **aus Anbietersicht** können die Potenziale anhand von Chancen und Risiken auf Grundlage des in Tabelle 45 dargestellten Fragenkatalogs abgeleitet werden.

Zur Priorisierung von potenziell neu zu integrierenden Absatzkanälen lässt sich das **Absatzkanal-Portfolio** nutzen (vgl. Abbildung 43). Hierbei werden die Kanäle nach ihrem Nutzungsgrad einerseits und ihrem zukünftigen Potenzial andererseits charakterisiert und in einem durch diese beiden Dimensionen gebildeten Portfolio gegenübergestellt.

Zur Kanalkoordination, also Abstimmung und Steuerung, der im Rahmen des Mehrkanalvertriebs eingesetzten Kanäle, kann die in Tabelle 46 dargestellte **Koordinations-Matrix** genutzt werden. Hierbei werden den Kanälen die für die Beeinflussung des Käuferverhaltens relevanten Aufgaben entlang der Phasen des Kaufentscheidungsprozesses zugeordnet.

Die Abstimmung der Kanäle im Markt **(externer Fit)** und innerhalb des Systems **(interner Fit)** sowie zwischen externem und internem Fit kann anhand der in Tabelle 47 gegebenen Checkliste überprüft und optimiert werden.

In der taktisch-operativen Distributionspolitik lassen sich zur Steuerung von Außendienstmitarbeitern beispielsweise Außendienstberichte einsetzen. Abbildung 44 zeigt ein Beispiel für einen ausführlichen **Außendienstbericht.**

Hierin werden die mit dem Kunden erörterten Themen, etwa im Anschluss an ein Kundenmeeting, zur Dokumentation der Tätigkeit des Außendienstmitarbeiters festgehalten. Der Bericht kann dann als Grundlage für die Vorbereitung des nächsten Kundenbesuchs dienen. Wie erkennbar ist, können die Informationen auch zur Aufde-

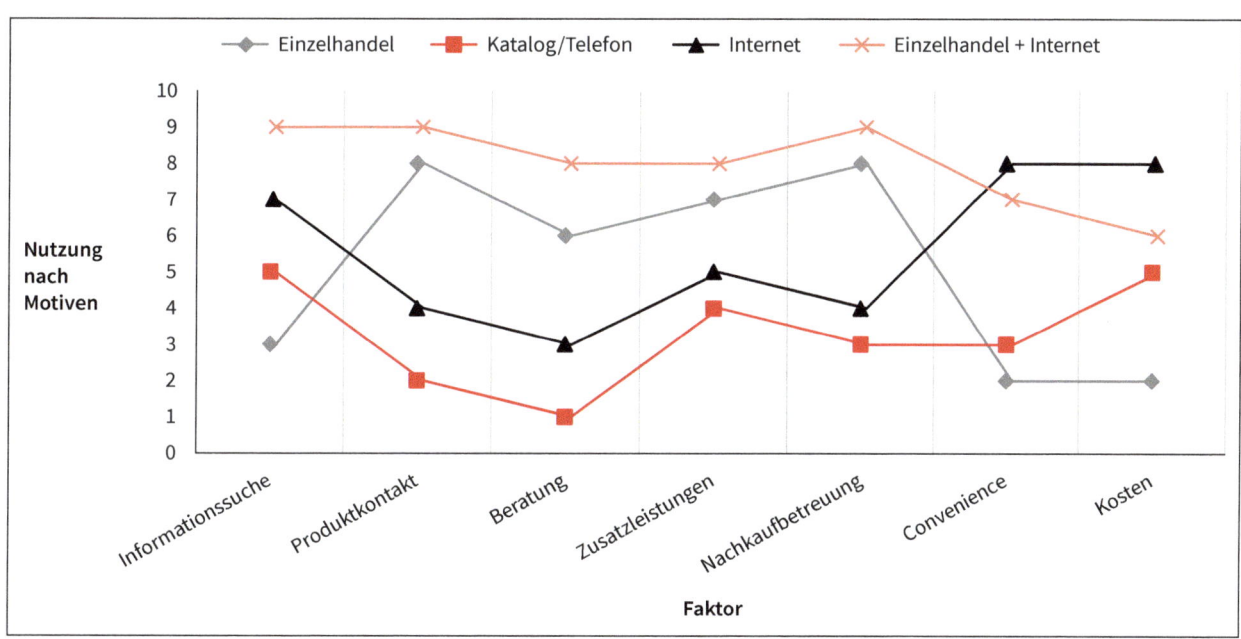

Quelle: eigene Darstellung

Abb. 42: Distributionskanalanalyse

Chancen	Risiken
• Inwiefern trägt die Aufnahme der neuen Kanäle zu einer verbesserten Positionierung im Markt bei?	• Inwieweit führt die Aufnahme der neuen Kanäle zu einer Komplexitätserhöhung (z. B. hoher Koordinationsaufwand, hohe Konfliktträchtigkeit)?
• Wie viele und welche neuen Nachfragersegmente lassen sich durch die neuen Kanäle hinzugewinnen?	• Besteht die Gefahr der mangelnden Abstimmung der verschiedenen Absatzkanäle (z. B. beim Preis)?
• Welche Ertragspotenziale (z. B. durch individuellere, passgenaue Kundenansprache, Steigerung von Kundenzufriedenheit und Kundenbindung) lassen sich erschließen?	• Ist mit steigenden Distributionskosten zu rechnen?
• Welche Einspareffekte können durch Integration der neuen Kanäle realisiert werden?	• Werden Kunden möglicherweise durch die neue Struktur verwirrt (z. B. durch ein Angebot ähnlicher Produkte zu unterschiedlichen Preisen in unterschiedlichen Kanälen)?
• Inwieweit können durch die Aufnahme weiterer Kanäle (z. B. Franchise-Partner) Abhängigkeiten von anderen Kanälen (z. B. Einzelhandel) reduziert werden?	• Besteht (auch durch die Aufnahme weiterer Kanäle) eine erhöhte Konfliktgefahr zwischen den verschiedenen Kanälen?
• Inwieweit lässt sich die Effizienz der Distribution steigern?	• Führt die Aufnahme der neuen Kanäle dazu, dass einige (etablierte) Kanäle zukünftig nur noch wenig genutzt werden? Werden manche Kanäle nur noch passiv vom Anbieter bedient werden können?

Tab. 45: Fragenkatalog zur Analyse von Chancen und Risiken des Mehrkanalvertriebs (Quelle: vgl. Schögel et al. 2004a, S. 7 ff.)

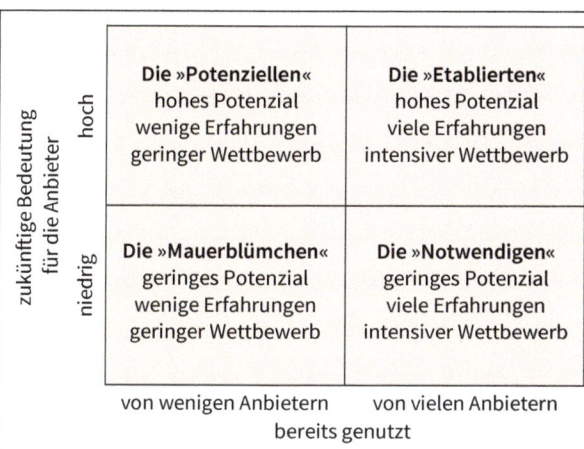

Quelle: vgl. Dickson 1983, S. 37; Voeth/Herbst 2013, S. 459

Abb. 43: Absatzkanal-Portfolio zur Eruierung neuer Absatzkanäle

ckung von Einkaufsgremien (Buying Center) im Kundenunternehmen verwendet werden. Hierzu ordnet man den an der Beschaffungsentscheidung im Kundenunternehmen beteiligten Personen die jeweiligen im Meeting angesprochenen Themen (Prioritäten, Beratungswünsche, relevante Produkteigenschaften usw.) zu. So kann man ihre Rolle im Kaufprozess besser einordnen und diese Personen im Verkaufsprozess effektiver beeinflussen. Zudem lassen sich die von den Personen angesprochenen Themen den unterschiedlichen Phasen des Kaufentscheidungsprozesses zuordnen, um auch eine zeitliche Planung des weiteren Verkaufsprozesses für den Außendienstmitarbeiter zu ermöglichen. Die über mehrere Kundenkontakte gesammelten und ausgewerteten Außendienstberichte können dann als Grundlage dienen für eine ausführlichere Käuferanalyse (vgl. Kapitel 2.2).

Als Vorbereitung auf ein Kundengespräch kann der Außendienstmitarbeiter die Informationen zum aufgedeckten Buying Center nutzen, um den einzelnen Funktionsträgern im Kundenunternehmen gezielte Mehrwerte zu kommunizieren. Hierfür kann die in Tabelle 48 dargestellte Checkliste verwendet werden.

Mit einer **Sales-Funnel-Analyse** (Verkaufstrichter-Analyse) – als Spiegelbild der Purchase-Funnel-Analyse (vgl. Kapitel 2.2) – kann ein Unternehmen betrachten, wie viele der möglichen Vertriebschancen tatsächlich genutzt werden, an welchen Stellen im Verkaufsprozess das größte Potenzial besteht und welche Maßnahmen zur Steigerung des Verkaufserfolges abgeleitet werden können (vgl. Schawel/Billing 2018, S. 299 f.). Abbildung 45 zeigt einen beispielhaften Sales Funnel.

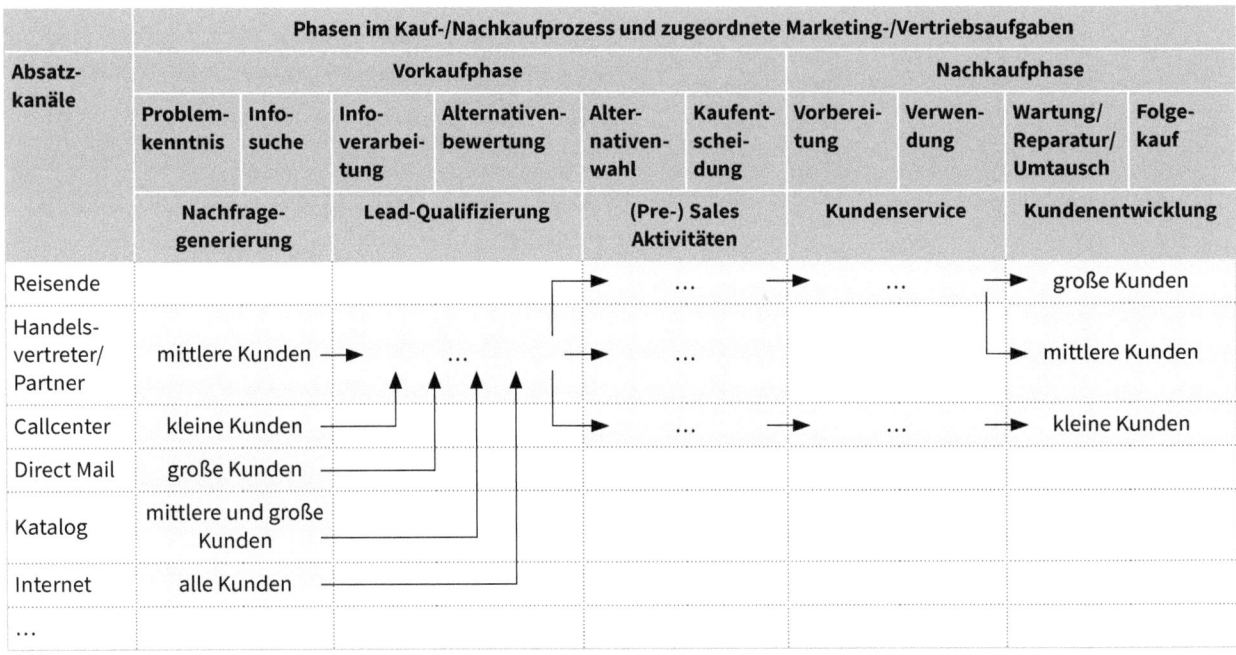

Tab. 46: Matrix zur Kanal-Koordination (Quelle: vgl. Winkelmann 2012, S. 642)

Externer Fit: Abstimmung auf die Markt- und Wettbewerbssituation	Intensität der realisierten Abstimmung					Handlungsbedarf
	hoch				niedrig	
• Vermeidung/Reduzierung von Konflikten mit (mächtigen) Handelspartnern	☐	☐	☐	☐	☐	
• Berücksichtigung der Kundenbedürfnisse	☐	☐	☐	☐	☐	
• Vermeidung von Konflikten mit Kunden	☐	☐	☐	☐	☐	
• Vermeidung von Konflikten mit Wettbewerbern	☐	☐	☐	☐	☐	
• Unterstützung der eigenen Positionierung im Wettbewerb	☐	☐	☐	☐	☐	
• …	☐	☐	☐	☐	☐	
Interner Fit: Abstimmung der unterschiedlichen Aktivitäten innerhalb des Systems	Intensität der realisierten Abstimmung					Handlungsbedarf
	hoch				niedrig	
• Ausschöpfung von Synergien (Einsparpotenziale, Umsatzpotenziale)	☐	☐	☐	☐	☐	
• Harmonisierung der Prozesse	☐	☐	☐	☐	☐	
• Harmonisierung der Infrastruktur	☐	☐	☐	☐	☐	
• Harmonisierung der Daten	☐	☐	☐	☐	☐	
• …	☐	☐	☐	☐	☐	
Externer und interner Fit: Abstimmung zwischen Markt-/Wettbewerbssituation und internen Aktivitäten	Intensität der realisierten Abstimmung					Handlungsbedarf
	hoch				niedrig	
• für den Kunden ersichtliche Vernetzung verschiedener Kanäle vs. Führung und Koordination verschiedener Kanäle	☐	☐	☐	☐	☐	
• konsistente Kundenansprache über alle Kanäle vs. Datenkonsolidierung über alle Kanäle	☐	☐	☐	☐	☐	
• …	☐	☐	☐	☐	☐	

Tab. 47: Checkliste zur Überprüfung des externen und internen Fits von Mehrkanalvertriebssystemen (Quelle: vgl. Schögel et al. 2004b, S. 116 und S. 121)

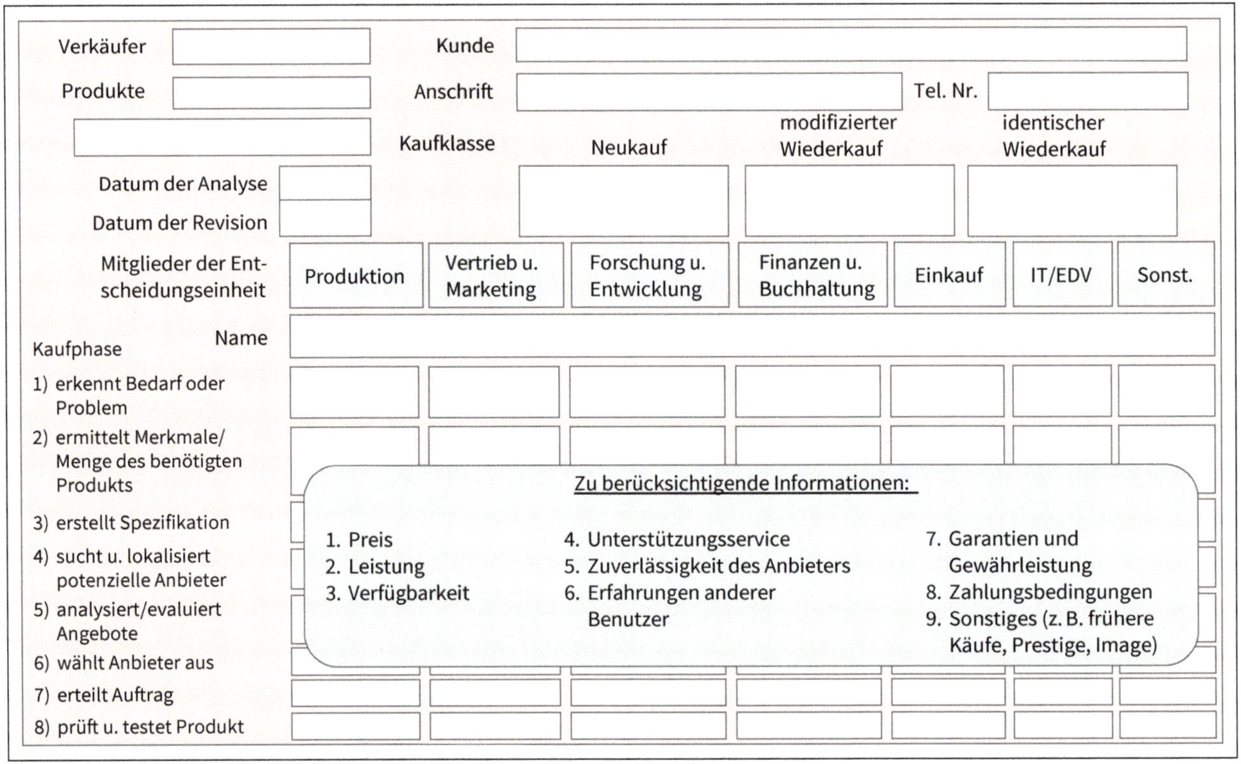

Verkäufer			Kunde				
Produkte			Anschrift			Tel. Nr.	

		Kaufklasse	Neukauf	modifizierter Wiederkauf	identischer Wiederkauf
Datum der Analyse					
Datum der Revision					

Mitglieder der Entscheidungseinheit	Produktion	Vertrieb u. Marketing	Forschung u. Entwicklung	Finanzen u. Buchhaltung	Einkauf	IT/EDV	Sonst.

Kaufphase	Name						
1) erkennt Bedarf oder Problem							
2) ermittelt Merkmale/ Menge des benötigten Produkts							
3) erstellt Spezifikation							
4) sucht u. lokalisiert potenzielle Anbieter							
5) analysiert/evaluiert Angebote							
6) wählt Anbieter aus							
7) erteilt Auftrag							
8) prüft u. testet Produkt							

Zu berücksichtigende Informationen:

1. Preis
2. Leistung
3. Verfügbarkeit
4. Unterstützungsservice
5. Zuverlässigkeit des Anbieters
6. Erfahrungen anderer Benutzer
7. Garantien und Gewährleistung
8. Zahlungsbedingungen
9. Sonstiges (z. B. frühere Käufe, Prestige, Image)

Quelle: vgl. McDonald 2008, S. 345

Abb. 44: Beispiel für einen Außendienstbericht

Mögliche Mehrwerte	Prüfen	Künftig besonders betonen	Anmerkungen
Entscheider	☐	☐	
Vergrößerung seiner Macht (Marktmacht, Entscheidungsmacht)	☐	☐	
Möglichkeiten zur Kostensenkung erschließen	☐	☐	
Gewinnung neuer Kundengruppen	☐	☐	
Profilierung gegenüber seinen Kunden	☐	☐	
Einkäufer	☐	☐	
persönliche Profilierung gegenüber Geschäftsführung	☐	☐	
übersichtlicher, logischer Rechnungsaufbau	☐	☐	
einfache Kaufabwicklung	☐	☐	
Garantien	☐	☐	
Produktionsleiter	☐	☐	
Reduzierung von Standzeiten	☐	☐	
Fertigungsflexibilität	☐	☐	
geringer Schulungsaufwand	☐	☐	
technische Leitung	☐	☐	
anwendungstechnische Unterstützung	☐	☐	
anspruchsvolle technische Lösungen	☐	☐	

Mögliche Mehrwerte	Prüfen	Künftig besonders betonen	Anmerkungen
Rolle als Pionier	☐	☐	
lange Wartungsintervalle	☐	☐	
Kundendienst	☐	☐	
leichte Wartung	☐	☐	
Verringerung der Anfahrten	☐	☐	
Erhöhung der Reaktionsfähigkeit	☐	☐	
bessere Materialbevorratung	☐	☐	
Benutzer	☐	☐	
qualitativ hochwertiges Produkt	☐	☐	
Einhaltung der Akkordzeiten	☐	☐	
Freude beim Verarbeiten	☐	☐	
leichte Bedienbarkeit	☐	☐	
gesundheitliche Unbedenklichkeit	☐	☐	

Tab. 48: Checkliste zur Kommunikation von Mehrwerten an die Funktionsträger im Buying Center (Quelle: vgl. Behle/ Vom Hofe 2006, S. 90)

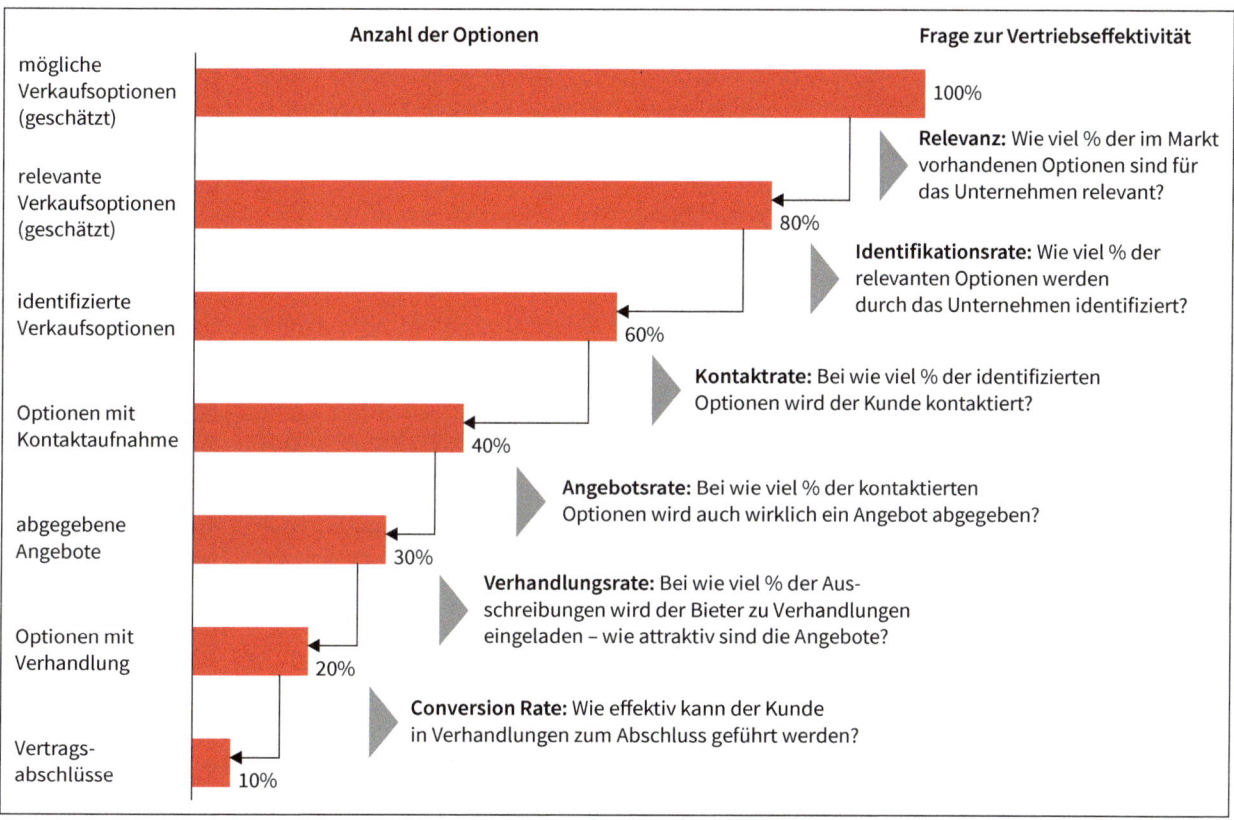

Quelle: vgl. Schawel/Billing 2018, S. 300

Abb. 45: Beispiel einer Sales-Funnel-Analyse

Kritische Reflexion

Wie erkennbar ist, weisen distributionspolitische Entscheidungen im Vergleich zu anderen Marketinginstrumenten, wie beispielsweise der Preispolitik, einen vergleichsweise starken strategischen Charakter auf. So bindet sich der Anbieter in der Regel längerfristig etwa an bestimmte Absatzkanäle, Handelspartner und Standorte. Auch kann z. B. durch eine entsprechende Wahl des Absatzkanals der Markenaufbau unterstützt werden. Umso wichtiger ist es, bereits bei der Planung der Vertriebskanäle potenziell drohende Konflikte zwischen Vertriebspartnern zu vermeiden und Mechanismen zur Konfliktreduzierung und -lösung vorzusehen. Die frühzeitige Aufdeckung drohender Konflikte sollte dann auch methodisch durch entsprechende Tools (wie z. B. Stakeholder-Analyse, Checklisten zur Identifikation von Zieldivergenzen über sämtliche Marketinginstrumente hinweg) unterstützt werden.

Die Entscheidungsbereiche zur Länge, Breite und Tiefe des Absatzkanals wurden zwar oben als separate Entscheidungsbereiche vorgestellt. Jedoch sind die Abhängigkeiten zwischen diesen Bereichen nicht zu verkennen. So könnte beispielsweise eine angestrebte hohe Breite der Distribution auch einen langen Absatzkanal unter Einschaltung mehrerer Handelsstufen bedingen. Hierüber sollte die isolierte Anwendung einzelner Tools zur Entscheidungsunterstützung in den jeweiligen Bereichen nicht hinwegtäuschen.

Perspektiven

Die Trends zu Convenience Shopping und hybridem (multioptionalem) Kaufverhalten, z. B. bestehend in einer Kombination von preis- und markenbewusstem Verhalten, haben dazu geführt, dass Käufer ihre Kaufentscheidung nicht mehr nur auf Produkte und Produktvergleiche basieren, sondern dass auch der Kaufort selbst als entscheidendes nutzenstiftendes Element betrachtet wird. Hierbei erscheint der **Online-Vertrieb (E-Commerce)** als zumindest ergänzender Vertriebskanal zunehmend wichtiger, da Käufe zeitlich wie örtlich flexibel und bequem getätigt werden können. Für den Anbieter bestehen zudem vielfältige Möglichkeiten zur Optimierung des Online-Vertriebs durch Analyse entsprechender Nutzerdaten. Allerdings gibt es auch eine Vielzahl von Käufern, die sich lediglich online informieren und den Kauf in der Filiale abschließen. Inwiefern dies geschieht, hängt insbesondere ab vom wahrgenommenen Kaufrisiko, vom Wert und der Komplexität der Leistung sowie der Bindung an die Leistung. Insofern besteht die Herausforderung für Anbieter darin, die verschiedenen Absatzkanäle im Rahmen des Mehrkanalvertriebs nicht nur nebeneinander anzubieten, sondern zu integrieren. Entsprechende Tools zur Messung des Grades der Kanalintegration, der externen wie internen Abstimmung, erhalten damit eine besondere Relevanz.

4.3.3 Gestaltung der Absatzlogistik

Grundgedanke
Die Distributionslogistik hat dafür zu sorgen, die produzierten Güter art- und mengenmäßig, räumlich und zeitlich abgestimmt bereitzustellen, um den Bedarf der Kunden optimal und möglichst kostengünstig zu decken (vgl. zum Folgenden Olbrich 2006, S. 275 ff. sowie Pfohl 2018, S. 221 ff.). Die Entscheidungsbereiche bei der Gestaltung der Warenverteilungsprozesse umfassen
- Auftragsabwicklung
- Lagerhaltung
- Verpackungswahl
- Transportmittelwahl
- Redistribution

Die **Auftragsabwicklung** ist definiert als Übermittlung und datenmäßige Bearbeitung/Kontrolle von Aufträgen vom Zeitpunkt der Auftragsaufgabe durch einen Kunden bis hin zur Ankunft der geordneten Waren und sonstigen Dokumente (z. B. Rechnung) beim Kunden. Die Auftragsabwicklung steuert den Informationsfluss im Logistiksystem:
- Der **vorauseilende Informationsfluss** informiert die am physischen Güterfluss beteiligten Einheiten über eintreffende Güter.
- Der **begleitende Informationsfluss** versorgt diese Einheiten mit solchen Informationen, die im Zusammenhang mit Transport-, Umschlags- und Lagertätigkeiten stehen.
- Der **nacheilende Informationsfluss** setzt erst nach Abschluss des physischen Güterflusses ein. Es kann sich hierbei etwa um die Versendung der Rechnung zum Abschluss der Auftragsabwicklung handeln. Denkbar ist aber auch die Übermittlung von Informationen, die dem Güterfluss entgegengerichtet sind (z. B. Reklamationen).

Die **Lagerhaltung** befasst sich mit allen Entscheidungstatbeständen, die einen Einfluss auf Lagerbestände haben. Zu den Entscheidungstatbeständen der Lagerhaltung gehören Fragen der
- Standortwahl,
- Bestimmung der Lagerkapazität,

- Errichtung eigener oder Nutzung fremder Lagerhäuser sowie der
- Lagerbewirtschaftung.

Bei der **Verpackungswahl** sind die verschiedenen von Verpackungen aus Kunden- und Anbietersicht zu erfüllenden Funktionen, auf die in Kapitel 4.1.2 bereits eingegangen wurde (vgl. Tabelle 30), zu beachten.

Bei der **Transportmittelwahl** sind die verschiedenen Transportmittel (Land-, Luft-, Wasserverkehr) im Hinblick auf die zu erfüllenden Transportaufgaben und Kosten vergleichend zu beurteilen und geeignete Mittel zu bestimmen. Erfolgt zwischen Liefer- und Empfangspunkt kein Wechsel des Transportmittels, so liegt eine eingliedrige Transportkette vor. Werden verschiedene Transportmittel miteinander kombiniert, so liegt der Fall einer mehrgliedrigen Transportkette vor.

Bei der **Redistribution** geht es um die vollständige oder teilweise Rücknahme der verkauften Produkte, um Fragen des Recyclings zur Rückgewinnung von Wertstoffen und um die Entsorgung, also Endlagerung und Abfallbeseitigung. Der Anbieter kann solche Zusatzleistungen auch bereits im Zeitpunkt der Vermarktung der Produkte mit anbieten und sich dadurch von Wettbewerbern differenzieren. Im Zuge des Trends zum nachhaltigen Konsum- und Verwendungsverhalten mögen Käufer solche Anbieter präferieren, die entsprechende Leistungen zur Redistribution anbieten. Als Unternehmenskunden können sie beispielsweise durch Kauf und Kommunikation solcher Leistungen ihr eigenes Image im Markt verbessern. Der Anbieter erhält hiermit zugleich die Möglichkeit, die Nutzungsdauer des Produkts vonseiten des Kunden zu erfahren und dem Kunden zum Zeitpunkt der Ablösung des alten Produkts ein Angebot für ein Nachfolgeprodukt zu unterbreiten. Eine etwaige Weiterveräußerung des gebrauchten Produkts seitens des Kunden an andere Kunden des Anbieters könnte der Anbieter so verhindern. Er behält damit die Kontrolle über das Entstehen eines möglichen Gebrauchtmarktes, welcher sein Neuproduktgeschäft untergraben könnte.

Tools

Eine wichtige strategische Entscheidung in der Absatzlogistik – an der Schnittstelle zur Festlegung der Breite des Absatzkanals – betrifft die **Standortwahl.** Unter dem Begriff Standort eines Betriebs ist der geografische Ort der Betriebsstätte (z. B. Produktions-, Vertriebs- oder Verwaltungsstätte) zu verstehen. Um die Frage zu klären, an welchen Standorten von (eigenen oder fremden) Verkaufsstellen welche Produkte im Sortiment geführt und verkauft werden sollen bzw. an welchem Standort ein Lager errichtet werden soll, kann eine **Standortanalyse** durchgeführt werden (vgl. Grunwald/Hempelmann 2017, S. 353 ff.). Tabelle 49 zeigt einen **Scoring-Ansatz,** der für die Standortanalyse, hier am Beispiel von Verkaufsstellen dargestellt, genutzt werden kann.

Anhand des Gesamtpunktwertes (Gesamtscore) ist erkennbar, dass offenbar Standort A in Bezug auf die einbezogenen Faktoren gegenüber Standort B besser abschneidet.

Neben einer solchen qualitativen Analyse kann auch ein reiner **Kostenvergleich** von Standorten durch Gegenüberstellung der standortbezogenen Kostenfunktionen als quantitative Analyse erfolgen. Die Kostenfunktionen lassen sich in Abhängigkeit von der Umschlagsmenge (Auslieferungsmenge) angeben. Wie aus Abbildung 46 erkennbar, ist bei Überschreiten der kritischen Auslieferungsmenge, die sich im Schnittpunkt der beiden Gesamtkostenfunktionen K_1 (für Standort 1) und K_2 (für Standort 2) ergibt, Standort 2 gegenüber Standort 1 zu bevorzugen.

Eine **Auslagerung logistischer Prozesse** an externe Dienstleister ist in unterschiedlichem Umfang möglich. Die Spanne reicht hier von der Übertragung von Hilfsfunktionen (z. B. Verpackung, Kommissionierung, Auf-

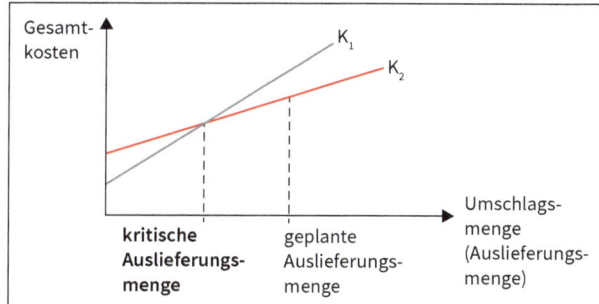

Quelle: eigene Darstellung

Abb. 46: Kostenvergleich ausgewählter Standorte

tragsannahme und -abwicklung) über die Vergabe der Lagerbewirtschaftung oder den Einkauf von Transportdienstleistungen bis hin zur Übernahme sämtlicher logistischer Prozesse durch den Dienstleister. Im einfachsten Fall kann auch hier die Frage des Make-or-Buy analog zur oben betrachteten Kostenvergleichsanalyse gestellt werden (vgl. Abbildung 47).

Wie zu erkennen ist, lohnt sich im Beispiel erst bei Überschreiten einer kritischen Kapazität (K_L) die Errichtung eines eigenen Lagers.

Der **Lieferservice** ist ein Maßstab für die angebotene bzw. erbrachte physische Distributionsleistung. Als mul-

Standortfaktoren	Gewich-tungsfaktor	Standort A		Standort B	
	GF	BP	BP x GF	BP	BP x GF
1. standortbezogene Erlöse					
• Einzugsgebiet (Größe, Anzahl Haushalte)	5	4	20	3	15
• Kaufkraft Bewohner	5	3	15	3	15
• Kaufkraft Passanten	4	2	8	3	12
• Wettbewerber	3	4	12	2	6
• Alleinstellungsmerkmale	2	4	8	3	6
• ...					
2. standortbezogene Kosten					
• Investitionskosten	2	3	6	4	8
• Unterhaltskosten (Miete, Nebenkosten, ...)	3	2	6	4	12
• Einkaufspreise	3	3	9	4	12
• Personalkosten	4	3	12	3	12
• behördliche Auflagen/Genehmigungen ...	1	4	4	4	4
• ...					
3. Infrastruktur					
• Verkehrsanbindung für Kunden	4	5	20	2	8
• Parkmöglichkeiten	4	4	16	2	8

Standortfaktoren	Gewich-tungsfaktor	Standort A		Standort B	
	GF	BP	BP x GF	BP	BP x GF
• Anlieferungen für Lieferanten	3	3	9	3	9
• Personalverfügbarkeit	3	4	12	3	9
• ...					
Gesamtscore			**157**		**136**

Legende:
Skala Gewichtungsfaktoren (GF):
5 = sehr hohe Bedeutung
4 = hohe Bedeutung
3 = mittlere Bedeutung
2 = geringe Bedeutung
1 = keine Bedeutung
Skala Beurteilungspunkte (BP):
5 = sehr gut erfüllt
4 = gut erfüllt
3 = befriedigend erfüllt
2 = ausreichend erfüllt
1 = nicht erfüllt

Tab. 49: Scoring-Ansatz für die Standortanalyse von Verkaufsstellen (Quelle: vgl. Grunwald/Hempelmann 2017, S. 353 ff.)

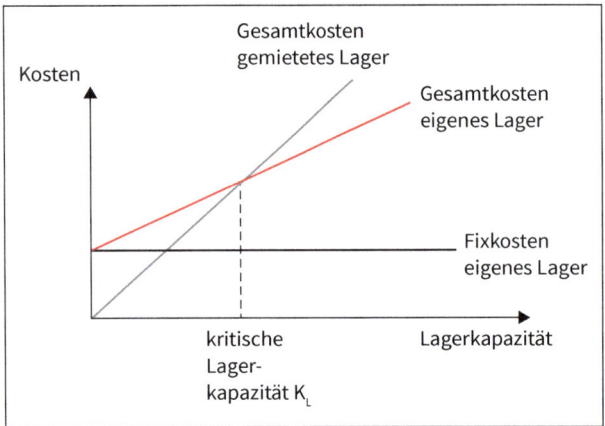

Quelle: eigene Darstellung

Abb. 47: Kostenvergleich von eigenen vs. fremden Lägern

tidimensionales Konzept beschreibt er den Output des Logistiksystems. Absatzwirkungen des Absatzlogistiksystems ergeben sich durch die Festlegung des Lieferservice mit den Komponenten Lieferzuverlässigkeit, Lieferbereitschaft, Lieferbeschaffenheit und Lieferflexibilität, an denen auch eine Messung des Lieferservice ansetzen kann (vgl. Kapitel 6).

Zur Abwägung zwischen verschiedenen Transportmitteln im Rahmen der **Transportmittelwahl** können die in Tabelle 50 aufgeführten Kriterien verwendet werden. Durch Vergabe von Punktwerten lassen sich die verschiedenen Transportmittel vergleichend beurteilen. Bei Bedarf können die Kriterien gewichtet werden, um gewichtete Punktwerte zu ermitteln.

Kriterien	Transportmittel			
	LKW	Schiff	Flugzeug	Bahn
Kosten pro Tonne (Frachtkosten, Transportnebenkosten wie z. B. Mautgebühren)	3	2	6	4
Schnelligkeit (Transportzeit, -frequenz)	2	6	1	6
Flexibilität	1	2	2	5
Eignung zur Beförderung großer Mengen	5	2	6	3
Zuverlässigkeit/Sicherheit	3	3	2	2
Möglichkeit zur Direktbelieferung	2	5	2	4
…				
Legende: 1 = sehr gut geeignet, …, 6 = sehr schlecht geeignet				

Tab. 50: Kriterien zur Beurteilung der Transportmittelwahl (vgl. Leitner 2015, S. 4)

Kritische Reflexion

Bei gegebener und sich angleichender Leistung in der Produktpolitik können sich Anbieter über die Absatzlogistik von Wettbewerbern grundsätzlich differenzieren. Um zu untersuchen, inwiefern dies möglich oder angezeigt erscheint, sollten Unternehmen die Beziehung zwischen der Marke und der Bedeutung entsprechender Logistikleistungen aus Kundensicht untersuchen. So erscheint es plausibel, dass wenig markenverbundene Käufer vor dem Kauf vermehrt auf solche Zusatzleistungen achten oder auch bei Überschreiten einer kritischen Lieferzeit nach dem Kauf eher abwandern werden. Markenverbundene Käufer orientieren sich dagegen beim Kauf eher an der Marke und produktbezogenen Merkmalen als Kaufkriterien. Zudem werden sie bei Überschreiten einer kritischen Lieferzeit oder auch generell bei einer Verschlechterung der Lieferbedingungen nicht sofort den Anbieter wechseln. Bevor eine Ausweitung der Logistikleistungen erwogen wird, sind also entsprechende Zusammenhänge durch Anwendung geeigneter Tools (z. B. zur Marktsegmentierung) zu untersuchen.

Perspektiven

Mit der Ausweitung von Logistikleistungen ist längerfristig auch das Problem der Anspruchsinflation verknüpft. Ein heute noch bestehendes Differenzierungsmerkmal (z. B. in Form einer kostengünstigen Same-Day-Delivery), das Begeisterung beim Käufer auslöst, kann schon in kurzer Zeit in der Wahrnehmung der Käufer zum selbstverständlichen Basismerkmal werden und damit seine Differenzierungskraft einbüßen. So erwarten Kunden vermehrt immer kürzere Lieferzeiten sowie individuellere Lieferbedingungen (z. B. individuelle Verpackungen). Perspektivisch ist somit zu beachten, dass entsprechende Leistungen über längere Zeiträume zu planen und inkrementell einzusetzen sind. Zudem sollte ihr Nutzen aus Käufersicht gemessen werden. Hierzu kann die Einordnung verschiedener Produkt- und Servicemerkmale aus Sicht der Käufer nach dem Kano-Modell in Basis-, Leistungs- und Begeisterungsanforderungen (vgl. Grunwald/Schwill 2017a, S. 64 ff.) erfolgen. Da die Sichtweise der Käufer hierbei divergieren mag, sind auch Tools zur Segmentierung der Käufer zur Anwendung geeignet.

Weil die bloße Ausweitung von Logistikleistungen naheliegend an ihre Grenzen stößt, besteht ein anderer Ansatz darin, sich durch die Einführung einer neuen Eigenschaft als Anbieter aus dem bisherigen Wahrnehmungsraum der Käufer heraus zu positionieren. So folgen viele Anbieter dem Trend, das Thema **Nachhaltigkeit** gerade in die Gestaltung ihrer Absatzlogistiksysteme zu integrieren, wovon ein für Kunden auch besonders gut nachvollziehbarer Effekt auf die Förderung einer nachhaltigen Entwicklung auszugehen vermag (vgl. Grunwald/Schwill 2017b). Im Mittelpunkt einer nachhaltigen Warenverteilung stehen Überlegungen zu

- einer umweltfreundlichen und gefahrlosen Transportmittelwahl (z. B. durch bevorzugte Nutzung von Bahn und Schiffswegen, verbesserte Lagerhaltung und Bündelung der Warenströme),
- einer verkehrsgünstigen Standortwahl,
- einer ressourcenschonenden und sicheren Verpackungswahl und zu
- Mehrwegsystemen (vgl. Spiller et al. 2007, S. 10).

Maßnahmen wie die Rücknahme und Entsorgung des Produktes verbessern die Umweltbilanz und stellen Zusatznutzen für den Nachfrager dar.

4.4 Kommunikationspolitik

4.4.1 Überblick über die Gestaltungsalternativen

Die Kommunikationspolitik betrifft sämtliche Entscheidungen über die Gestaltung aller auf den Markt oder auf Marktsegmente gerichteten Informationen. Die zentralen Aufgaben bestehen in der

- Information des Marktes und in der
- Beeinflussung des Marktes (vgl. Voeth/Herbst 2013, S. 472).

Eine erste Grundlage für die Strukturierung der Gestaltungsalternativen bietet die sogenannte **Lasswell-Formel** mit folgenden **Leitfragen** an (vgl. Lasswell 1948; S. 37; Walsh et al. 2013, S. 382):

- Wer (Kommunikationssender)
- sagt was (Kommunikationsbotschaft)
- über welchen Kanal (Kommunikationsmedium)
- zu wem (Kommunikationsempfänger)
- mit welcher Wirkung (Kommunikationswirkung)?

Diese Leitfragen bilden die Grundlage für die Kommunikationsplanung und die daraus abzuleitenden Entscheidungsbereiche (vgl. Abbildung 48).

Einen Schwerpunkt bildet dabei die Gestaltung der Kommunikationsinstrumente. Eine Übersicht über die hier skizzierten Aktionsmöglichkeiten fasst Abbildung 49 zusammen.

Mit den Entscheidungen im Rahmen der Kommunikationsplanung und vor allem mit dem Einsatz einzelner Kommunikationsinstrumente sind aus Unternehmenssicht die in Tabelle 51 aufgeführten Funktionen zu erfüllen.

```
1. Situationsanalyse
   → 2. Definition der Kommunikationsziele
   → 3. Definition der Kommunikationszielgruppen
   → 4. Festlegung der Kommunikationsstrategie
   → 5. Festlegung des Kommunikationsbudgets
   → 6. Mediaplanung
   → 7. Entwicklung von Einzelmaßnahmen
   → 8. Kontrolle der Kommunikationswirkungen
```

Quelle: Walsh et al. 2009, S. 350

Abb. 48: Prozess der Kommunikationsplanung

Kommunikationsfunktionen	Intendierte Kommunikationswirkungen
Informationsfunktion	Übermittlung von Informationen über Unternehmen, Produkte und Marken
Imagefunktion	Aufbau einer positiven gedanklichen und emotionalen Wahrnehmung von Unternehmen, Produkten und Marken
Differenzierungs-/Profilierungsfunktion	Abgrenzung von Unternehmen, Produkten und Marken von Wettbewerbern
Motivationsfunktion	Setzen eines Impulses, mit dem eine Handlung (z. B. Kauf) ausgelöst werden soll
Akquisitions- und Bindungsfunktion	Gewinnung neuer Kunden und Schaffung sowie Festigung bestehender Kundenbeziehungen

Tab. 51: Kommunikationsfunktionen (Quelle: vgl. Walsh et al. 2013, S. 383)

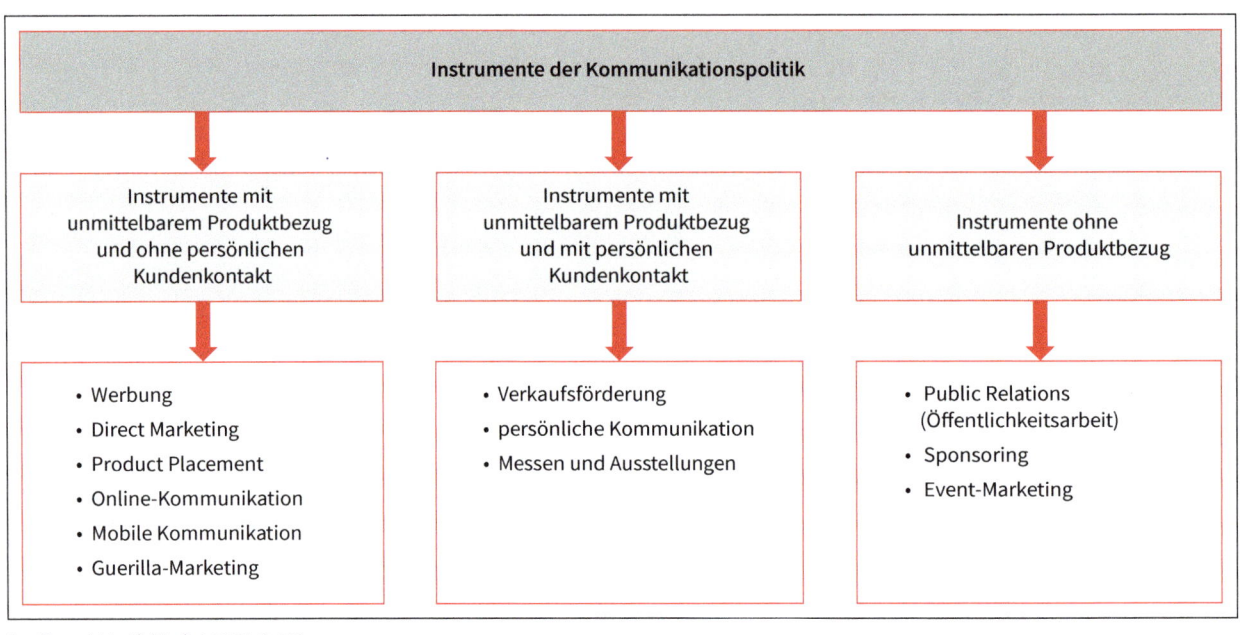

Quelle: vgl. Voeth/Herbst 2013, S. 482

Abb. 49: Instrumente der Kommunikationspolitik im Überblick

4.4.2 Gestaltung der Kommunikationsplanung

Grundgedanke
Aufgrund der Vielzahl kommunikationspolitischer Entscheidungsfelder bedarf es einer logischen Strukturierung von aufeinander aufbauenden und voneinander abhängigen Entscheidungen. Mit der Kommunikationsplanung wird diese Struktur geschaffen; sie bietet einen Orientierungsrahmen für die kommunikationspolitischen Problemstellungen und die daran anzusetzenden Gestaltungsalternativen für die Problemlösungen. Insbesondere die Vielfalt der einsetzbaren Kommunikationsinstrumente erfordert eine systematische Koordination aller kommunikationspolitischen Handlungsalternativen, um einen insgesamt einheitlichen kommunikativen Gesamtauftritt des Unternehmens sicherzustellen. Dies ist ohne eine fundierte Planung nicht möglich.

Tools
Unter Berücksichtigung des idealtypischen Planungsprozesses der Kommunikationspolitik (vgl. Abbildung 48) bildet die **Situationsanalyse** die Ausgangsbasis der Kommunikationsplanung. Kommunikationspolitisch relevante Rahmenbedingungen ergeben sich aus der Analyse der Umwelt, des Marktes und des Unternehmens. Zur Analyse können die in Kapitel 2 dargestellten Tools eingesetzt und auf kommunikationsrelevante Fragestellungen zugeschnitten werden (z. B. in Form einer kommunikationsbezogenen SWOT-Analyse).

Die Ergebnisse der Situationsanalyse bilden die Grundlage für Entscheidungen im nächsten Planungsschritt – die **Definition der Kommunikationsziele.** Die zentralen Grundarten von Kommunikationszielen werden in Abbildung 50 dargestellt.

Je genauer die Kommunikationsziele definiert werden, umso konkretere Ansatzpunkte ergeben sich für die folgenden Planungsschritte. Zur Ableitung konkreter Zielsetzungen bietet es sich an, mithilfe der in Tabelle 52 gegebenen Checkliste nach der **SMART-Methode** vorzugehen.

Im Anschluss an die Definition der Kommunikationsziele erfolgt die Festlegung der **Kommunikationszielgruppen.** Ausschlaggebend sind hierbei die im Rahmen der Marksegmentierung identifizierten und im Rahmen des Marketings zu verfolgenden Zielgruppen (vgl. hierzu die Tools in Kapitel 3.2.4). Ansatzpunkt zur **Festlegung der Kommunikationsstrategie** sind die dominanten Kommunikationsziele. Je nach Zielstellung können die in Tabelle 53 aufgeführten Strategietypen unterschieden werden.

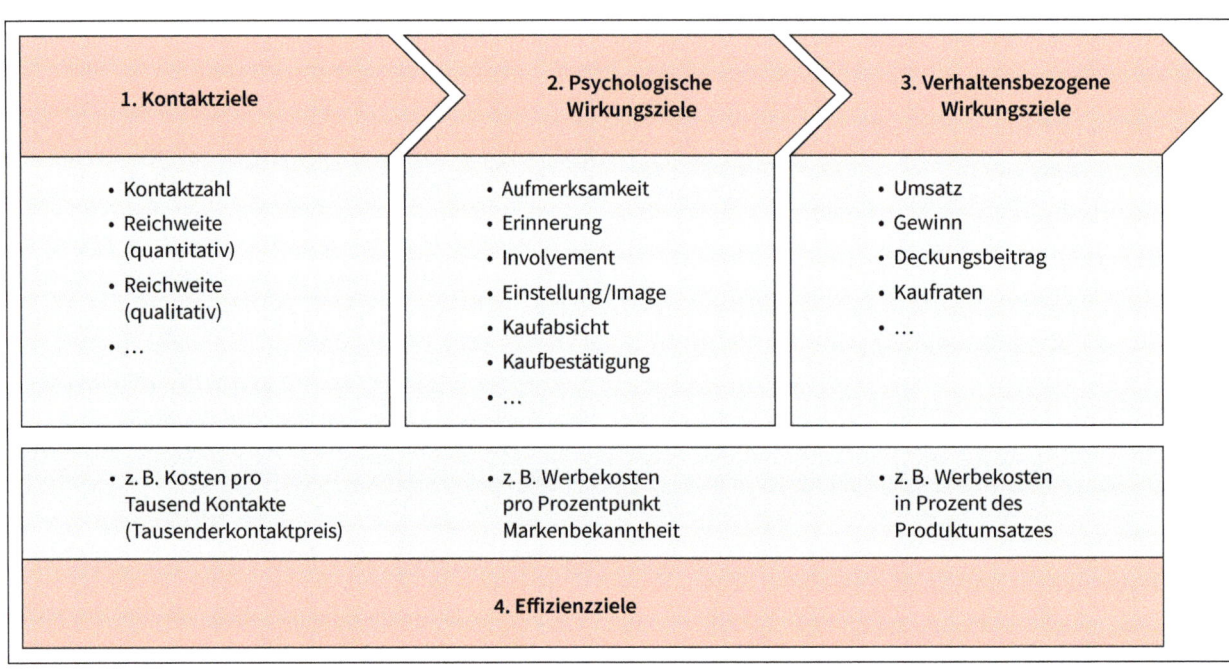

Quelle: vgl. Walsh et al. 2013, S. 390

Abb. 50: Grundarten von Kommunikationszielen

Kriterien	Ausgewählte Fragestellungen
S = spezifisch	• Was soll genau erreicht werden? • Welche Wirkung soll erzielt werden?
M = messbar	• Woran kann die Zielerreichung festgemacht werden? • Wie kann die Zielerreichung gemessen werden?
A = akzeptiert	• Ist das Ziel attraktiv (für das Unternehmen)? • Ist das Ziel motivierend (z. B. für die Mitarbeiter)
R = realistisch	• Ist das Ziel generell erreichbar? • Ist das Ziel mit den verfügbaren Ressourcen erreichbar?
T = terminiert	• Bis wann soll das Ziel erreicht werden?

Tab. 52: Checkliste zur Konkretisierung der Kommunikationsziele nach der SMART-Methode

Zur Festlegung der Kommunikationsstrategie empfiehlt sich zudem die Anwendung der sogenannten **Copy-Strategie.** Hierbei handelt es sich um eine Leitlinie mit strategischem Charakter, in der die Grundlagen zur Gestaltung kommunikationspolitischer Maßnahmen festgehalten werden. Die zentralen Elemente einer Copy-Strategie werden in Tabelle 54 zusammengefasst und erläutert.

Zur **Festlegung des Kommunikationsbudgets** eignen sich vorwiegend die in Tabelle 55 aufgeführten Methoden.

Die sich nach der Festlegung des Kommunikationsbudgets anschließende **Mediaplanung** befasst sich mit der Auswahl der Medien, die für die Erreichung der Kommunikationsziele geeignet und auch unter Kostengesichtspunkten tragbar sind. Die Auswahl der Kommunikationsmedien erfolgt dabei in zwei Stufen: der Intermediaselektion und der Intramediaselektion (vgl. Grunwald/Hempelmann 2017, S. 363 f.; Walsh et al. 2013, S. 398 f.). Die Aufgabe der **Intermediaselektion** besteht in der Auswahl bestimmter Mediengattungen bzw. -gruppen, die sich für die geplante Kommunikationskampagne als besonders geeignet erweisen (z. B. Print- vs. TV-Kampagne). Auf der Grundlage relevanter Kriterien lassen sich verschiedene Mediengattungen vergleichen. Die Checkliste in Tabelle 56 kann hierfür eingesetzt werden.

Bei der **Intramediaselektion** geht es um die Auswahl der Medien (Werbeträger, Werbemittel) innerhalb einer Mediengattung, also etwa die Auswahl zwischen zwei Zeitschriften (z. B. Spiegel oder Focus) bei gegebenem Medium Zeitschrift. Die Checkliste in Tabelle 57 kann unter Berücksichtigung ausgewählter Kriterien die Auswahlentscheidung erleichtern.

Strategietypen	Erläuterungen/Beispiele
Bekanntmachungsstrategie	primär Steigerung der Bekanntheitswerte zur Erzielung absatzfördernder Effekte (z. B. Pressemitteilung über die bevorstehende Eröffnung einer Unternehmensfiliale)
Informationsstrategie	vorrangige Streuung von Informationen über Produkte oder Dienstleistungen mit dem Ziel, die Zielgruppe aufzuklären oder zu überzeugen (z. B. Informationen über verwendete Stoffe bei der Herstellung von Lebensmitteln)
Imageprofilierungsstrategie	Erreichung positiver Einstellungen bei den Teilöffentlichkeiten gegenüber dem Unternehmen bzw. Abstellung bestehender negativer Einstellungen (z. B. durch eine Imagekampagne, bei der die Umweltorientierung des Unternehmens herausgestellt wird)
Konkurrenzabgrenzungsstrategie	Profilierung gegenüber den Wettbewerbern durch Hervorhebung spezifischer Unternehmensmerkmale oder besonderer Leistungen (z. B. Verzicht einer Einzelhandelskette auf Einsatz bzw. Verkauf von Plastiktüten)
Zielgruppenerschließungsstrategie	intensivere und umfassende Ansprache bestehender Zielgruppen durch Kommunikationsmaßnahmen (z. B. gezielte und verstärkte Ansprache von Wissenschaftlern, die bislang nur wenig kontaktiert worden sind)
Kontaktanbahnungsstrategie	Gewinnung von Teilöffentlichkeiten zur Unterstützung unternehmerischer Aktivitäten (z. B. Maßnahmen gegen Diskriminierung)
Schadensvermeidungsstrategie	relevante Strategie in Krisensituationen, um den von der Öffentlichkeit geäußerten Vorwürfen adäquat entgegentreten zu können (z. B. durch eine klare und sachlich fundierte Stellungnahme, die in der Lage ist, die Vorwürfe zu entkräften)
Beziehungspflegestrategie	Pflege der Beziehungen zu den relevanten Zielgruppen mittels ausgewählter kommunikativer Maßnahmen (z. B. durch Umsetzung dialogischer Kommunikationskonzepte)

Tab. 53: Strategietypen im Rahmen der kommunikativen Ausrichtung (Quelle: vgl. Grunwald/Schwill 2017a, S. 212 f.; Bruhn 2011, S. 752 ff.)

Elemente der Copy-Strategie	Erläuterungen/Beispiele
Positionierung	• Wie sollen Unternehmen und Marke langfristig wahrgenommen werden? (z. B. Differenzierung von Wettbewerbern? Angleichung an Wettbewerber? Herauspositionieren aus dem Markt?) • Welche Kommunikationsziele sollen erreicht werden?
Zielgruppe	• Wer ist potenzieller Käufer der Produkte/Leistungen? • Welche in sich homogenen Zielgruppen (Segmente) lassen sich unterscheiden? • Sollen bestimmte Segmente der Zielgruppe fokussiert werden? • Welche Zielgruppe soll mit der Kommunikation konkret erreicht werden (Rezipienten)?

Nutzen (Benefit)	• Welchen Nutzen weist unser Angebot (im Wettbewerbsvergleich) auf?
	• Welcher Nutzen soll an die Zielgruppe kommuniziert werden?
	• Beispiele für Nutzenversprechen:
	  – Leistungsnutzen: Herausstellen der Leistungsfähigkeit (Performance) des Produktes
	  – Expertennutzen: Herausstellen der Überlegenheit des Produktes und Käufers
	  – Trendnutzen: Herausstellen der Zugehörigkeit zu einer Gruppe
	  – Geltungsnutzen: Herausstellen des Prestigebedürfnisses der Käufer

Beweisführung, Nutzenbegründung (Reason Why)	• Wie erfolgt die Begründung der Glaubwürdigkeit des Nutzenversprechens?
	• Sind für unterschiedliche Zielgruppen unterschiedliche Begründungen erforderlich?
	• Die Glaubwürdigkeit kann u. a. unterstützt werden durch:
	  – Hinweis auf besondere Rezepturen/Inhaltsstoffe, die ursächlich für eine versprochene Wirkung des Produktes sind (z. B. bei Waschmitteln, Kosmetika)
	  – Hinweis auf besondere Herstellungsverfahren/Technologien, die ursächlich für die versprochene Wirkung sind
	  – Verwendung von Anwenderbeispielen und Testimonials (Empfehlungen, Erfahrungsberichte anderer Nutzer)
	  – Nutzung von Gütesiegeln unabhängiger (neutraler) Institutionen
	  – Verweis auf wissenschaftliche Test-/Studienergebnisse
	  – Bezugnahme auf eigene umfangreiche Forschungs- und Entwicklungstätigkeiten und -ressourcen

Elemente der Copy-Strategie	Erläuterungen/Beispiele

Tonalität (Tonality)	- Welcher Gestaltungsstil soll für die Kommunikationsinstrumente/-mittel gewählt werden?
	- Sollen Anpassungen für unterschiedliche Segmente der Zielgruppe erfolgen?
	- Mögliche Gestaltungselemente beziehen sich auf:
	  – Sprache (z. B. einfach, bildhaft, wissenschaftlich-technisch, marktschreierisch, altmodisch, seriös-vertrauensvoll, persönlich, originell)
	  – visuelle Gestaltung (z. B. Bilder, Farbwahl, Typografie)
	  – kreativen Stil (z. B. provokant, ernst, humorvoll)

Tab. 54: Elemente einer Copy-Strategie (Quelle: vgl. Grunwald/Hempelmann 2017, S. 359 f.)

Methoden	Erläuterungen
Prozentsatz vom Umsatz	Ein bestimmter Prozentsatz des Umsatzes (z. B. der Vorperiode) wird für das Kommunikationsbudget der folgenden Planungsperiode festgelegt.
Orientierung an frei verfügbaren Mitteln (»all you can afford«)	Alle noch nicht verplanten (zweckgebundenen) Mittel der Vorperiode werden für Kommunikationsmaßnahmen in der Folgeperiode bereitgestellt.
Orientierung an Konkurrenzausgaben	Orientierungsmaßstab ist das (beobachtbare) Budget vergleichbarer Wettbewerber.
Orientierung an Kommunikationszielen und dafür notwendigem Mitteleinsatz	Die Festsetzung des Budgets erfolgt unter Berücksichtigung der konkret definierten Ziele, der zu erfüllenden Aufgaben und der damit verbundenen Kosten.

Tab. 55: Methoden zur Festlegung des Kommunikationsbudgets (Quelle: vgl. Grunwald/Hempelmann 2017, S. 360 f.)

Kriterien zur Bewertung von Medienalternativen	Ausgewählte zentrale Fragestellungen
Kontaktqualität	• Wie viele Sinne des Kommunikationsempfängers werden bei den einzelnen Medien angesprochen?
Kontaktintensität	• Wie lang und wie intensiv werden die einzelnen Medien genutzt?
Funktion für den Nutzer	• Welche Funktionen erfüllen die Medien für den Mediennutzer (z. B. Informations- oder Unterhaltungsfunktion)?
Nutzereigenschaft	• Welche Eigenschaften charakterisieren die Mediennutzer (z. B. Alter, Bildungsniveau, Einkommen, Konsumverhalten)?
Stellung im Media-Mix	• Handelt es sich bei den Medien um ein Basismedium (Kommunikation findet schwerpunktmäßig statt) oder um ein Ergänzungsmedium (Kommunikation findet flankierend statt)?
Wirtschaftlichkeit	• Wie hoch sind Reichweite, Auflagenhöhe oder Kontaktpreise?

Tab. 56: Checkliste zur Intermediaselektion (Quelle: vgl. Walsh et al. 2013, S. 398)

Der nächste Schritt beinhaltet die **Entwicklung von Einzelmaßnahmen.** Aus der Vielzahl an Aktionsmöglichkeiten kommt der Gestaltung der kommunikativen Botschaft bzw. des Botschaftsinhaltes eine besondere Rolle zu. Einzelne Gestaltungshinweise ergeben sich bereits aus der Copy-Strategie (vgl. Tabelle 54). Weitere wichtige Gestaltungsalternativen sind in Tabelle 58 zusammengefasst.

Es bietet sich an, die einzelnen Ansätze kombinativ anzuwenden, um die Kommunikationswirkungen insgesamt zu verstärken. Als Tool zur Wirkungsanalyse und Planung der Kommunikationsbotschaft sowie der eingesetzten Medien und Kommunikationsinstrumente bietet sich die in Tabelle 59 dargestellte **Überzeugungsmatrix von McGuire** (Communication-Persuasion-Matrix) an.

Kriterien zur Bewertung von Medienalternativen	Ausgewählte zentrale Fragestellungen
Bruttoreichweite	• Wie viele Medienkontakte werden insgesamt durch einen konkreten Mediaplan erzeugt?
Nettoreichweite	• Wie viele Personen der Kommunikationszielgruppe werden durch einen konkreten Mediaplan erreicht?
Medien-/Zielgruppenaffinitäten	• Wie viel Prozent der Nutzer eines Mediums gehören zur Kommunikationszielgruppe?
Tausenderkontaktpreise	• Wie hoch liegen die Kosten für 1.000 Zielpersonenkontakte?
Verfügbarkeit	• Wie schnell und/oder wie oft und in welchem Zeitraum lassen sich Kommunikationsbotschaften übermitteln?

Tab. 57: Checkliste zur Intramediaselektion (Quelle: vgl. Walsh et al. 2013, S. 398)

Aspekte der Kommunikationsgestaltung	Zentrale Gestaltungsansätze
inhaltliche Aspekte	• rationale Botschaftsgestaltung durch Nutzung sachlicher Argumentation und sachlicher Überzeugung (z. B. bei extensiven Kaufentscheidungsprozessen) • emotionale Botschaftsgestaltung durch Nutzung emotionaler Reizkategorien (z. B. Kindchenschema, Erotik) oder emotionaler Appelle (z. B. negative Appelle etwa bei einer Anti-Raucher-Kampagne, Humor) • moralische Botschaftsgestaltung durch Umsetzung moralischer Appelle (z. B. ökologischer Appell zur Erzielung eines umweltbewussteren Verhaltens)
formale Aspekte	• Nutzung konstanter Kommunikationselemente (z. B. Slogans, Markenzeichen, Symbole, Jingles, Farben oder Layouts) • Nutzung variabler Kommunikationselemente (z. B. wechselnde Bildmotive, Situationen oder Werbetexte)

Tab. 58: Ansätze zur Gestaltung der Kommunikationsbotschaft (Quelle: vgl. Scharf et al. 2015, S. 440 ff.; Bruhn 2011, S. 225)

Input (unabhängige Variablen) / Output (abhängige Variablen)	Quelle Kommunikator (z. B. Glaubwürdigkeit)	Botschaft Inhalt Gestaltung (z. B. Art des Werbeappells, Reihenfolge der Argumente, informative vs. emotionale Elemente)	Kanal Medieneinsatz (z. B. Massenmedien vs. Direktkontakt)	Empfänger Zielgruppen (z. B. psychografische, demografische Merkmale)	Ziel Art Fristigkeit (generelle und spezielle Ziele)
Kontakt bekommen					
aufmerksam werden					
lernen und verstehen					
Einstellung ändern					
Verhalten ändern					
Verhalten bestärken					

Tab. 59: Überzeugungsmatrix nach McGuire (Quelle: vgl. McGuire 1981, S. 45; Gottschalk 2001, S. 292)

Die Matrix stellt in den Spalten mit den unabhängigen Variablen die vom Kommunikator festzulegenden Elemente der Kommunikation als **Input** dar, die auf den Empfänger einwirken sollen. Diese Elemente entsprechen den bereits im Grundmodell der Kommunikation von Lasswell beschriebenen Gestaltungsmöglichkeiten. Hierbei hat der Kommunikationsplaner die Frage zu beantworten, wie die Persuasionswirkung (Beeinflussungs- oder Überzeugungswirkung) der Kommunikation durch Festlegung der Elemente der Kommunikation einzeln und in Kombination gesteigert werden kann (vgl. Gottschalk 2001, S. 292).

Als **Output** werden im Modell die verschiedenen Stufen der Informationsaufnahme und -verarbeitung beim Kommunikationsempfänger betrachtet. Hierbei wird ein höheres Involvement des Empfängers unterstellt, der die Botschaft grundsätzlich ausführlicher betrachtet und verarbeitet. Hiermit wird verdeutlicht, welche Stufen die Kommunikation beim Empfänger durchlaufen muss, um die gewünschte persuasive Wirkung zu erzielen. Der Übergang von einer Stufe zur nächsten Stufe dieses Prozesses kann dabei keineswegs mit Sicherheit angenommen werden, sondern ist mit einer gewissen Eintrittswahrscheinlichkeit behaftet. Nimmt man an, dass die jeweils nächste Stufe nur mit 50 Prozent Wahrscheinlichkeit von Empfängern durchlaufen wird, so wird deutlich, dass die Erwartungen an den Erfolg einer beeinflussenden Kommunikation realistisch gehalten werden sollten (vgl. Gottschalk 2001, S. 293). Kommt also beispielsweise nur die Hälfte der Zielgruppe in Kontakt mit der beeinflussenden Kommunikation, wird davon wiederum nur die Hälfte der Empfänger auf die spezielle Werbebotschaft aufmerksam, verstehen und lernen davon wiederum nur 50 Prozent die Botschaft und ändert davon wiederum nur die Hälfte der Rezipienten ihre Einstellung und ihr Verhalten (dauerhaft), so resultiert eine Erfolgswahrscheinlichkeit von lediglich ca. drei Prozent, in der betrachteten Zielgruppe ein dauerhaftes Verhalten auszulösen. Somit sollte die Erfolgswahrscheinlichkeit der Kommunikation schrittweise auf jeder Stufe der Informationsverarbeitung durch entsprechende Planung der Gestaltungselemente maximiert werden.

In der letzten Prozessphase erfolgt die **Kontrolle der Kommunikationswirkungen.** Ansatzpunkt dabei sind die Kommunikationsziele (vgl. Abbildung 50).

Konkrete, nach dem Zeitpunkt der Durchführung der Wirkungskontrolle zu unterscheidende Ansätze werden in Tabelle 60 zusammengefasst.

Kontrollverfahren nach dem Zeitpunkt der Durchführung	Erläuterungen/Beispiele
Pretests	• Verfahren zur Messung der potenziellen Kommunikationswirkungen • Ermittlung der Wirkungen vor Durchführung einer Kommunikationskampagne • Beispiele: – Prüfung der Wirksamkeit einer Printanzeige mit Testpersonen, um herauszufinden, ob die Kommunikationsbotschaft schnell und prägnant vermittelt werden konnte – Prüfung des Blickverlaufs von Zielpersonen über eine konkrete Printanzeige durch den Einsatz von Blickregistrierungsverfahren (»Eye Tracking«)
Posttests	• Verfahren zur Messung der effektiven Kommunikationswirkungen • Ermittlung der Wirkungen nach Ablauf einer Kommunikationskampagne • Beispiele: – Befragung von Personen am Tag nach der Schaltung einer Anzeige oder eines Werbespots (»Day-After-Recall-Test«) – Befragung von Personen unter Vorlage einer Zeitschrift, welche Anzeigen wiedererkannt werden (»Recognition-Test«) – Schaltung von Medien (Werbemittel), die mit einem Coupon oder einem Bestellformular ausgestattet sind; die Bestellungen gelten dann als Indikator für den Kommunikationserfolg (»BuBaW-Verfahren«, d. h. **B**estellungen **u**nter **B**ezugnahme **a**uf **W**erbemittel) – Messung der Häufigkeiten, mit der Besucher einer Webseite auf die Online-Werbung geklickt haben (»Click-Rate«), um beispielsweise weitere Informationen abzurufen

Tab. 60: Ansätze zur Messung der Kommunikationswirkungen (Quelle: vgl. Scharf et al. 2015, S. 457 ff.; Walsh 2013, S. 403 f.)

Kritische Reflexion

Die Problematik im Rahmen der Kommunikationsplanung liegt zum einen in der Qualität der Daten, die aus der Situationsanalyse generiert werden. Hinzu kommt, dass die relevanten Daten oftmals nur mit großem Aufwand zu beschaffen sind. Eine gute Datenbasis ist aber eine Grundbedingung, um eine erfolgreiche Kommunikationsplanung überhaupt in Gang setzen zu können. Zentrale Probleme liegen sicherlich in der Messung der Kommunikationswirkung. Im Regelfall sind beispielsweise die Messergebnisse nicht frei von Einflüssen weiterer Faktoren (z. B. ist nicht auszuschließen, dass die Beurteilung einer Anzeige nicht auch von individuellen Erfahrungen oder Einstellungen beeinflusst wird) (Problem der Validität). Werden Messungen mit Testpersonen durchgeführt, stimmen diese nicht zwangsläufig mit der Zielgruppe überein (Problem der Zielgruppengenauigkeit). Nicht zuletzt beeinflusst auch die Umgebung, in der die Erfolgskontrolle durchgeführt wird, die Messergebnisse. So ist nicht auszuschließen, dass Messungen unter künstlichen Bedingungen (z. B. Laborexperiment) anders ausfallen als unter realen Umfeldbedingungen (Problem des Testumfelds) (vgl. Bruhn 2013, S. 582 f.).

Perspektiven

Die Kommunikationsplanung von Unternehmen steht aufgrund der zukünftigen Rahmenbedingungen vor besonderen Herausforderungen (vgl. hierzu Bruhn 2013, S. 587 ff.). Die soziodemografischen Veränderungen (z. B. stetiger Anstieg des Durchschnittsalters, steigende Anzahl an Single-Haushalten), der Trend zur Multi-Options-Gesellschaft mit einer Vielzahl nebeneinander existierender Lebens- und Orientierungsmuster, die stärkere Internationalisierung der Kommunikation (etwa Internet-Kommunikation) oder die rechtlichen Änderungen aufgrund der Angleichung unterschiedlicher nationaler Rechtsvorschriften im Zuge der Europäisierung sind nur einige Beispiele, die Unternehmen in ihren Planungsüberlegungen berücksichtigen müssen.

4.4.3 Gestaltung der Kommunikationsinstrumente

Grundgedanke

Um die Kommunikationsziele zu erreichen, steht den Unternehmen eine Reihe an Kommunikationsinstrumenten zur Verfügung. Jedes einzelne Instrument wiederum bietet diverse Gestaltungsalternativen an. Die Folge ist eine

Vielzahl kommunikationspolitischer Handlungsalternativen. Insofern bietet es sich vor allem aus Gründen der Übersichtlichkeit an, eine sinnvolle und zweckmäßige Struktur vorzulegen. Im Folgenden werden deshalb
- Instrumente mit unmittelbarem Produktbezug und ohne persönlichen Kundenkontakt,
- Instrumente mit unmittelbarem Produktbezug und mit persönlichem Kundenkontakt sowie
- Instrumente ohne unmittelbaren Produktbezug

unterschieden (vgl. auch Abbildung 49).

Tools

Bei den **Instrumenten mit unmittelbarem Produktbezug und ohne persönlichen Kundenkontakt** spielt die **Werbung** (auch Mediawerbung) trotz moderner Kommunikationsalternativen nach wie vor eine dominante Rolle. Werbung versteht sich als kommunikativer Beeinflussungsprozess, bei dem versucht wird, über den Einsatz von Massenmedien vor allem psychologische und verhaltensbezogene Wirkungsziele bei den anvisierten Zielgruppen zu erreichen (vgl. Walsh et al. 2013, S. 405). Dazu stehen der Werbung die in Tabelle 61 genannten Grundtypen zur Verfügung.

Werbemedien	Grundtypen von Medien
Insertionsmedien (»Papiermedien«)	Printwerbung (z. B. in Zeitungen, Zeitschriften, Anzeigenblättern, Beilagen (»Supplements«))
elektronische Medien	• TV-Werbung • Radiowerbung • Kinowerbung • Internetwerbung (z. B. in Form von Bannern, Pop-ups, Backpages oder interaktiven Buttons)
Medien der Außenwelt	• Plakat- und Leuchtwerbung • Werbung auf und in Verkehrsmitteln

Tab. 61: Medienarten und Grundtypen von Medien (Quelle: vgl. Walsh et al. 2013, S. 405; Voeth/Herbst 2013, S. 484 ff.)

Bei den Werbemedien ist zudem noch zwischen Werbeträgern und Werbemitteln zu unterscheiden. Während die Werbemittel die konkrete Werbebotschaft vermitteln, sind die Werbeträger die Transporteure (vgl. Tabelle 62).

Zur Unterstützung bei der Auswahl der Werbemedien bzw. der Werbeträger und Werbemittel können die Checklisten zur Intermedia- und Intramediaselektion eingesetzt werden (vgl. Tabellen 56 und 57).

Werbemedien	Werbeträger (Beispiele)	Werbemittel (Beispiele)
Insertionsmedien	Printmedien	Anzeigen, Beilagen etc.
elektronische Medien	TV-Werbung	TV-Spot
Medien der Außenwelt	Verkehrsmittel (z. B. Bus)	Busbeschriftung

Tab. 62: Werbeträger vs. Werbemittel (Quelle: vgl. Voeth/Herbst 2013, S. 484 ff.)

Im Gegensatz zur Werbung, bei der die Werbebotschaft an die breite Masse gestreut wird, erfolgt beim **Direct Marketing** (auch Direktmarketing, Dialogmarketing oder Direktwerbung) eine gezielte Einzelansprache. Damit soll ein direkter Kontakt zum Kommunikationsadressaten hergestellt und ein unmittelbarer Dialog initiiert werden (vgl. Bruhn 2012b, S. 230). Zentrales charakteristisches Merkmal des Direct Marketing ist die Interaktion (Interaktivität) mit Zielpersonen bzw. -gruppen. Gestaltungsalternativen bestehen insofern im Wesentlichen in der Einflussnahme auf den Interaktionsgrad und in der Ausgestaltung eines interaktionsorientierten oder reaktionsorientierten Direct Marketing (vgl. Voeth/Herbst 2013, S. 490 f.). So können bei einer Interaktivität im engeren Sinne Unternehmen und (potenzielle) Kunden Informationen wechselseitig austauschen (**interaktionsorientiertes Direct Marketing,** z. B. mittels Internet). Bei einem Interaktionsgrad im weiteren Sinne können Instrumente eingesetzt werden, die eine räumlich und zeitlich versetzte Reaktionsmöglichkeit der Kunden ermöglichen (**reaktionsorientiertes Direct Marketing).** Neben dem Einsatz elektronischer Medien kann hierbei auch weiterhin die klassische Postkarte ihren Zweck erfüllen, wie folgende Praxisbeispiele belegen.

BEISPIEL

Ansprache ausgewählter Kunden mithilfe des Versands von Postkarten

BMW verschickte »[...] zur Markteinführung des ´1er` eine Postkarte als Einladung zur Testfahrt an zuvor selektierte Adressen. Damit sollte das Modell bekannt gemacht und neue Kunden gewonnen werden.«
Ein Optiker schrieb »[...] ausgewählten Kunden einen ´Eye Test Letter` und versuchte mit einem auf der Postkarte dargestellten Sehtest, seine Kunden für dieses Thema zu sensibilisieren und folglich für den Erwerb einer Brille zu motivieren.«
(Quelle: Voeth/Herbst 2013, S. 491)

Die einfachste Gestaltungsvariante besteht in der Umsetzung eines passiven Direct Marketing. Diese Form liegt vor, wenn Verbraucher beispielsweise durch adressierte oder nicht adressierte Werbesendungen wie etwa Postwurfsendungen angesprochen werden. In der Unternehmenspraxis wird dem Direct Marketing eine hohe Bedeutung zuteil. Werden dabei direkte Interaktionsmöglichkeiten umgesetzt, eignet sich dieses Instrument vor allem auch für den Aufbau und die Pflege von Kundenbeziehungen (vgl. Voeth/Herbst 2013, S. 490).

Als weiteres kommunikationspolitisches Instrument hat sich **Product Placement** längst etabliert. Darunter ist die gezielte Einbindung bzw. Platzierung eines Produktes oder einer Marke als Requisite in beispielsweise Spielfilmen (Kino, TV), Videoclips, Reportagen oder Unterhaltungsshows zu verstehen. Derartige Platzierungen erfolgen häufig gegen Entgelt oder in Form kostenloser Überlassung von Produkten. Vorreiter in der Umsetzung von Product Placement sind die James-Bond-Filme. Bereits seit Jahrzehnten fließen durch Product Placement nicht unerhebliche Summen zur Deckung der ebenfalls nicht unerheblichen Produktionskosten. Beispielsweise deckte allein das Heineken-Engagement ein Drittel der Produktionskosten von »Skyfall« (vgl. Walsh 2013, S. 417).

Der Einsatz von Product Placement ist vor allem dann empfehlenswert, wenn Image- und Aktualisierungsziele erreicht werden sollen. So kann sich das Image der Filmhelden auf die im Film verwendeten Marken übertragen (Imagetransfer). Werden die Produkte oder Marken zudem »geschickt« platziert (z. B. im Rahmen einer »schönen« Szene), sind hohe Aufmerksamkeitswirkungen wahrscheinlich, zumal die werbliche Beeinflussung als solche im Regelfall nicht wahrgenommen wird (vgl. Scharf et al. 2015, S. 413).

Da der Einsatz von Product Placement rechtlich nicht ganz unproblematisch ist, wäre eine vorherige juristische Prüfung empfehlenswert.

Rechtslage in Deutschland

»Product Placement ist nach dem **Rundfunkstaatsvertrag** (RStV) grundsätzlich **zulässig,** aber solche Sendungen müssen über eine eindeutige **Kennzeichnung** verfügen. Dies geschieht im TV durch entsprechende **Einblendungen** zu Beginn und Ende des Formats bzw. der Werbeblöcke.
Allerdings sind Produktplatzierungen auch nicht in allen Produktionen erlaubt. Ein **Verbot** existiert zum Beispiel für **Kindersendungen, Nachrichten, Dokumentationen und die Übertragung von Gottesdiensten.**

Zudem ist diese Marketingmethode bei Produktionen der **öffentlich-rechtlichen Sender** grundsätzlich untersagt. Eine Unterstützung ist in diesem Fall nur durch **Produkthilfen** möglich. Dabei werden Produkte **unentgeltlich bereitgestellt**. Dabei handelt es sich nicht selten um Autos oder Handys.« (Urheberrecht.de 2018)

Aufgrund des heute gängigen Web 2.0 und der sich daraus erschließenden Kommunikationsmöglichkeiten ergeben sich Gestaltungsalternativen für Unternehmen im Rahmen der **Online-Kommunikation**. Sie kann durch folgende Merkmale gekennzeichnet werden (vgl. Voeth/Herbst 2013, S. 500 f.):

- Hypermedialität: Sie ergibt sich aus der Eigenschaft des Internets. Über virtuelle Querverweise (»Hyperlinks«) lassen sich Verknüpfungen mit verschiedenen Medienformen (z. B. Text, Bild, Ton) und Medieninhalten herstellen.
- Multimedialität: Sie zeigt sich in der Fähigkeit, neue Medien mit klassischen Kommunikationsmitteln zu verbinden; so können etwa Werbeanzeigen im Internet platziert oder Produktpräsentationen im Videoformat hinterlegt werden.
- Interaktivität: Sie betrifft zum einen die maschinelle Interaktivität, die dann vorliegt, wenn der Nutzer individuell entscheiden kann, welche Inhalte er abruft. Davon wird zum anderen die personale Interaktivität unterschieden. Hiermit ist der Austausch von Informationen zwischen Internetnutzern gemeint.
- Virtualität: Damit ist der Effekt gemeint, dass Kommunikation im virtuellen Raum stattfinden kann.
- Multifunktionalität: Sie beschreibt die Möglichkeit der Ansprache unterschiedlicher Kommunikationsadressaten; so können einzelne Zielpersonen (»One to One«), eingegrenzte Zielgruppen (»One to Few«) und/oder das breite Publikum (»One to Many") kontaktiert werden.

Gestaltungsalternativen bei der Online-Kommunikation ergeben sich bei den einzelnen Instrumenten, und zwar bei den Unterhaltungsmedien, den sozialen Netzwerken (»Communities«) und bei den Informationsmedien. Diese werden in Tabelle 63 zusammenfassend dargestellt. Verdeutlicht werden dabei auch die unternehmerischen Einsatzmöglichkeiten.

Besonderes Potenzial für die Marktkommunikation liegt in den Ausgestaltungsmöglichkeiten von Weblogs. Tabelle 64 fasst einige Beispiele zusammen.

Sämtlichen Instrumenten der Online-Kommunikation ist heutzutage gerade auch im Rahmen der Unterneh-

Instrumente der Online-Kommunikation	Charakterisierung/Einsatzmöglichkeiten (Beispiele)
Unterhaltungsmedien	• dienen primär der Unterhaltung • Möglichkeit für Unternehmen zur Präsentation von Produkten oder Marken über Bilder (z. B. über Instagram) oder Videos (z. B. über YouTube)
soziale Netzwerke	• dienen in erster Linie der Kontakt- bzw. Beziehungspflege im privaten (z. B. über Facebook) oder im beruflichen Umfeld (z. B. über Xing oder LinkedIn) • Möglichkeit für Unternehmen, Kontakte zu Zielgruppen aufzubauen (»Als Unternehmen muss man dort sein, wo sich die Zielgruppe befindet.«)
Informationsmedien	• dienen der Information unterschiedlicher interner und externer Zielgruppen mittels Weblogs (kurz: Blogs) oder online verfügbarer Enzyklopädien (»Wikis«) • Möglichkeit für Unternehmen, mit Stakeholdern über »Corporate Blogs« zu kommunizieren

Tab. 63: Instrumente der Online-Kommunikation (Quelle: vgl. Voeth/Herbst 2013, S. 502 ff.)

mens- bzw. Marketingkommunikation eine hohe Bedeutung zu attestieren. Das lässt sich u. a. auch damit begründen, dass Informationen über Online-Medien in vielen Fällen kostengünstiger verbreitet werden können als über klassische Kommunikationskanäle (vgl. Voeth/Herbst 2013, S. 502).

Bedeutende Einsatzmöglichkeiten ergeben sich auch bei der **mobilen Kommunikation** (vgl. hierzu Voeth/Herbst 2013, S. 515 ff.). Die hohe Verbreitung von Smartphones bietet auch für Unternehmen wichtige Gestaltungsoptionen. Besonders interessante Anwendungen werden in Tabelle 65 aufgeführt.

Weblogs in der Marktkommunikation	Charakterisierung
Service-Blogs	• Streuung von Informationen an Kunden oder Händler über Serviceaspekte • kann zudem als Plattform dienen für Verbesserungsvorschläge seitens der Nutzer
Produkt- und Marken-Blogs	• Thematisierung von Produkten und Marken zur Erhöhung ihrer Bekanntheit oder zur Gestaltung ihres Images • ebenfalls als Plattform nutzbar, um Ideen für die Produktweiterentwicklung einzubinden
Customer-Relationship-Marketing-Blogs	• vorwiegend einsetzbar zum Aufbau neuer und zur Pflege bestehender Kundenbeziehungen • Möglichkeit, spezifische Angebote zu unterbreiten oder aktuelle Produktinformationen sowie Download-Möglichkeiten, wie etwa Coupons, zur Verfügung zu stellen
Kampagnen-Blogs	• zeitlich begrenzt eingesetzte Weblogs zur Unterstützung einzelner Kampagnen (z. B. bei der Einführung neuer Produkte oder Modelle)
Krisen-Blogs	• hilfreiches Instrument, um eine schnelle und dialogorientierte Kommunikation in Krisensituationen sicherzustellen

Tab. 64: Ausgewählte Weblogs in der Marktkommunikation (Quelle: vgl. Voeth/Herbst 2013, S. 511 ff.)

Formen mobiler Unternehmenskommunikation	Erläuterungen/Einsatzmöglichkeiten (Beispiele)
Mobile Couponing	- Übermittlung spezifischer Gutscheine oder Rabattaktionen - Über das Internet übersandte Coupons können vor oder beim Kauf der Ware aktiviert werden, was im Regelfall mit einem direkten Nutzen verbunden ist (z. B. Preisnachlass). - Ein Beispiel für die Verbreitung mobiler Coupons liefert das Bonusprogramm Payback: Payback-Kunden können über das Online Coupon Center, die mobile Website oder über die Payback App elektronische Coupons (eCoupons) vor dem Einkauf aktivieren und im Rahmen der Kaufaktivität nutzen.
Mobile Tagging (engl. to tag = etikettieren)	- Über das Abfotografieren (z. B. mit einem Smartphone) sogenannter Quick-Response-Codes (QR-Codes) werden Nutzer mit dem mobilen Internetauftritt des Unternehmens verbunden. - Nutzungsmöglichkeit des interaktiven Links nicht nur für Werbezwecke, sondern z. B. auch für die Platzierung von Servicehinweisen
Mobile Gaming	- beschreibt das Spielen von Computerspielen auf mobilen Endgeräten (Smartphone, Tablets etc.) - Produkte oder Marken der Unternehmen können ins Spiel integriert bzw. als »Akteure« eingesetzt werden.

Tab. 65: Formen der mobilen Unternehmenskommunikation (Quelle: vgl. Voeth/Herbst 2013, S. 517 ff.)

BEISPIEL

Mobile Gaming bei VW

»Bei der Einführung des VW-Touareg Hybrid wurde das auf iPhone oder iPad anwendbare Spiel ›Touareg Challenge‹ entwickelt, bei dem der Nutzer dreidimensional über Schotter-, Schlamm- und Eispisten jagt. Im Anschluss an die virtuelle Fahrt kann direkt beim nächstgelegenen VW-Händler eine Testfahrt gebucht werden. Die Abrufzahlen des Spiels belegen dessen Erfolg. So haben laut Volkswagen in den ersten beiden Wochen nach dessen Veröffentlichung mehr als 1 Mio. User das Spiel geladen. Es wurden fast 3.000 Probefahrten vereinbart. Darüber hinaus konnten mit dieser Mobile Marketing-Aktion relevante Erkenntnisse über die Spieler und potenziellen Käufer des Modells gewonnen werden.« (Quelle: Voeth/Herbst 2013, S. 519)

Besonders aufmerksamkeitsstarke Marketing- bzw. Kommunikationsaktionen sind durch **Guerilla-Marketing** umsetzbar. Guerilla-Marketingkampagnen zeichnen sich dadurch aus, dass mit besonders kreativen, aber überraschenden und unkonventionellen Ideen hohe Aufmerksamkeitswerte erzielt werden können – und das noch mit oftmals geringem finanziellen Aufwand (vgl. Walsh et al. 2013, S. 415 f.). Abbildung 51 zeigt zwei Bildbeispiele von Guerilla-Marketingaktionen von Procter & Gamble (Meister Proper) und IKEA.

Bei den oben beschriebenen kommunikationspolitischen Instrumenten war zwar ein unmittelbarer Produktbezug, aber eher kein persönlicher Kundenkontakt vorherrschend. Im Folgenden werden **Instrumente mit unmittelbarem Produktbezug, aber mit persönlichem Kundenkontakt** vorgestellt. Hierzu zählen die Verkaufsförderung, die persönliche Kommunikation sowie Messen und Ausstellungen.

Bei der **Verkaufsförderung** (auch Sales Promotion, Verkaufs- oder Absatzförderung genannt) handelt es sich um zeitlich befristete Maßnahmen mit Aktionscharakter. Der zentrale Zweck besteht darin, eine unmittelbare Umsatzerhöhung zu erzielen. Als Adressaten können unterschiedliche Zielgruppen angesprochen werden. Tabelle 66 zeigt relevante Gestaltungsoptionen auf.

Eine besonders große Bedeutung in der Praxis hat die **persönliche Kommunikation.** Durch den direkten Kundenkontakt haben Mitarbeiter die Möglichkeit, auf verbaler und auch non-verbaler Ebene die Kommunikation zu gestalten. Das Kundenkontaktpersonal beeinflusst damit maßgeblich den Kommunikationserfolg. Insbesondere fungieren sie auch als Markenbotschafter, indem sie im

Quelle: links: http://ideenwunder.at/ambient-marketing-mr-proper/; rechts: ©Chris Cassidy (http://casspix.com/photography/commercial/)

Abb. 51: Beispiele von Guerilla-Marketingaktionen

Rahmen des Face-to-Face-Kontaktes beispielsweise die Markenwerte bzw. den Markennutzen an Kunden adäquat vermitteln (vgl. Grunwald/Schwill 2018b, S. 192). Insofern sollten Unternehmen entsprechend qualifiziertes Personal für die persönliche Kommunikation einsetzen. Gegebenenfalls sind Personalentwicklungsmaßnahmen einzuleiten, bei denen Fähigkeiten und Fertigkeiten zur zielgerichteten Bewältigung von Kundenkontaktsituationen vermittelt und trainiert werden (vgl. Grunwald/Schwill 2017a, S. 96; Schwill 2003, S. 784 f.). Hilfreich ist es auch, die Mitarbeiter mit einem »Argumentenkoffer« auszustatten. Dieser beinhaltet eine Sammlung der »richtigen« Verkaufsargumente. Ein Tool für das »Koffer packen« bietet sich mit dem **»FAB-Konzept«** an (vgl. Abbildung 52).

Verkaufs-förderungsarten	Beschreibung/Beispiele
Verbraucher-Promotions	Schaffung von Kaufanreizen beim Verbraucher durch Sonderpreisaktionen, Veranstaltungen mit Gewinnspielen (Preisausschreiben), Verteilung von Produktproben am Point of Sale, Verpackungs-Promotions (z. B. Bonuspackung mit Preisnachlass)
Außendienst-Promotions	Motivation der Außendienstmitarbeiter durch Auslobung von Sonderprämien und Sachpreisen, Durchführung von Schulungs- und Informationsveranstaltungen, Bereitstellung von Verkaufshilfen
Händler-Promotions	Schaffung von Anreizen bei Händlern, damit Herstellerprodukte gelistet werden, durch Gewährung von Preiszugeständnissen bei Einführung neuer Produkte, Einsatz von Propagandisten im Handel zur Produktdemonstration, Bereitstellung von Display-Material

Tab. 66: Arten von Verkaufsförderungsmaßnahmen (Quelle: vgl. Walsh et al. 2013, S. 409 f.)

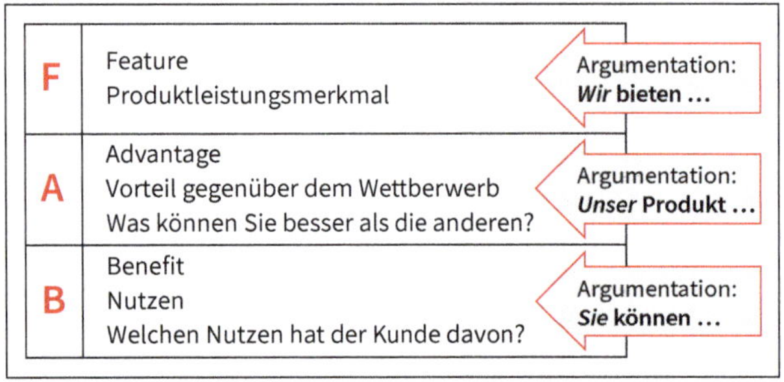

F	Feature Produktleistungsmerkmal	Argumentation: *Wir* bieten …
A	Advantage Vorteil gegenüber dem Wettbewerb Was können Sie besser als die anderen?	Argumentation: *Unser* Produkt …
B	Benefit Nutzen Welchen Nutzen hat der Kunde davon?	Argumentation: *Sie* können …

Quelle: vgl. Sieck/Goldmann 2007, S. 96

Abb. 52: FAB-Konzept

Kontakte mit (potenziellen) Kunden finden auch auf **Messen und Ausstellungen** statt. Damit sind zeitlich begrenzte und räumlich festgelegte Veranstaltungen gemeint, auf denen einem Fachpublikum und anderen Interessierten das unternehmerische Leistungsprogramm präsentiert wird (vgl. Bruhn 2012b, S. 241). Da auch hier der Dialog eine zentrale Rolle spielt, ist es – wie bei der persönlichen Kommunikation – empfehlenswert, kommunikativ gut geschultes Personal einzusetzen.

Da Beteiligungen an Messen und Ausstellungen im Regelfall recht teuer sind, ist es ratsam, sich vor einer Veranstaltungsbeteiligung intensiv zu informieren. Als Informationstool bietet sich der AUMA (Ausstellungs- und Messe-Ausschuss der Deutschen Wirtschaft e. V.) an. Dort sind Informationen zum Messeangebot in Deutschland und im Ausland, Tipps für die Messeplanung bzw. für Aussteller und Wissenswertes über die Branche erhältlich. Auch finden sich dort Informationen über »Förderprogramme für die Messeteilnahme in Deutschland«, was vor allem für Unternehmen in der Gründungsphase von Interesse sein dürfte (siehe hierzu Auma o. J.).

Bei den zu guter Letzt vorzustellenden **Instrumenten ohne unmittelbaren Produktbezug** werden nicht einzelne Produkte oder Marken herausgestellt; vielmehr wird der Bezug zum gesamten Unternehmen hergestellt. Zu den wesentlichen Instrumenten zählen die Öffentlichkeitsarbeit, Sponsoring sowie das Event-Marketing (vgl. dazu Voeth/Herbst 2013, S. 550 ff.; Bruhn 2012b, S. 233 ff.).

Die zentrale Aufgabe der **Öffentlichkeitsarbeit** (Public Relations) besteht darin, Vertrauen bei der Öffentlichkeit aufzubauen, zu erhalten oder auch zu verbessern. Aus dem umfangreichen Katalog einsetzbarer PR-Aktivitäten bieten sich vor allem die in Tabelle 67 aufgeführten Maßnahmen an.

Neben der Öffentlichkeitsarbeit gehört auch das **Sponsoring** zu den fest etablierten Instrumenten der Unternehmens- und Marktkommunikation. Unternehmen unterstützen dabei Personen oder Institutionen in den Bereichen Sport, Kultur, Soziales, Umwelt und/oder Medien mit Geld, Sachmitteln, Dienstleistungen oder auch Know-how (vgl. Bruhn 2012b, S. 236). Bedeutende Gestaltungsalternativen bieten die in Tabelle 68 zusammengefassten Sponsoringarten.

Zunehmende Beliebtheit erfährt in diesem Zusammenhang auch das sog. **Cause-related Marketing** (CrM), was als besondere Form des Sponsoring angesehen werden kann. Unternehmen gehen hierbei beispielsweise eine Partnerschaft mit einer Non-Profit-Organisation ein, bei der mit dem Kauf eines Produktes durch den Konsumenten eine unmittelbare finanzielle Zuwendung zugunsten eines wohltätigen Zwecks erfolgt (vgl. Schwill/Brandt 2013, S. 1103). So förderte beispielsweise der Mineralwasserproduzent Volvic in Zusammenarbeit mit UNICEF mit der Kampagne »1 Liter für 10 Liter« den Brunnenbau in Äthiopien. Ein Teil des Produkterlöses von »Volvic naturelle« (1-Liter-Flasche) wurde für die Gewinnung von 10 Litern Trinkwasser genutzt (vgl. Lendt 2017).

Zunehmend an Bedeutung in der Marketingpraxis hat in den letzten Jahren auch das **Event-Marketing** gewonnen. Hierbei handelt es sich um spezielle Veranstaltungen (Events), bei denen über erlebnis- und auch dialogorien-

PR-Instrumente	Beispiele
Pressearbeit	Pressekonferenzen und -gespräche, Pressemitteilungen, Presseportale im Internet, Informationsmaterialien für Medienvertreter (z. B. über USB-Sticks)
Durchführung von Veranstaltungen	Betriebsführungen für Besucher, Tag der offenen Tür, Vorträge und Konferenzen, Ausschreibung von Preisen und Verleihung an Preisträger auf öffentlichen Veranstaltungen
Maßnahmen des persönlichen Dialogs	Pflege von persönlichen Beziehungen zu Meinungsführern und Medienvertretern, Kontakte zu Hochschulvertretern, persönliches Engagement in Verbänden, Lobbying, Diskussionen in Bürgerinitiativen, Initiieren von Foren oder Blogs im Internet
Angebot allgemeiner Informationsmaterialien	Umwelt- und Sozialberichte, Stellungnahmen zu relevanten gesellschaftlichen Themen (auch über die Webseite und über Social-Media-Aktivitäten), Fachpublikationen
unternehmensinterne Maßnahmen	Mitarbeiterzeitungen, Intranet-Kommunikation, Betriebsversammlungen, Betriebsausflüge, interne Sport-, Kultur- und Sozialeinrichtungen

Tab. 67: Übersicht über PR-Maßnahmen (Quelle: vgl. Walsh et al. 2013, S. 412; Bruhn 2012b, S. 234 f.)

Sponsoringarten	Erläuterungen/Beispiele/Bewertungen
Sportsponsoring	bedeutendste Form des Sponsoring; als Kommunikationsträger fungieren Einzelsportler, Mannschaften, Sportveranstaltungen etc.; da viele Sportarten eine breite Akzeptanz erfahren, lassen sich Bekanntheits- und Imageziele gut erreichen.
Kunst-/Kultursponsoring	Einsatzfelder ergeben sich in den Bereichen Theater, Literatur, Film oder Musikveranstaltungen. Möglichkeit, gesellschaftliches Engagement und sozialpolitische Verantwortung zu demonstrieren, was positive Effekte auf das Unternehmensimage auslösen kann
Soziosponsoring	Möglichkeit, einen Beitrag zur Lösung gesellschaftlicher bzw. humanitärer Probleme zu leisten; Unterstützung in den Bereichen Gesundheits- und Sozialwesen, z. B. durch Stiftungsgründung, finanzielle Zuwendungen (z. B. für Ärzte ohne Grenzen). Hiermit kann Corporate Social Responsibility (CSR) zum Ausdruck gebracht werden.
Bildungssponsoring	Förderung von Bildungseinrichtungen jeglicher Art durch Bereitstellung finanzieller Mittel, Sachmittel (z. B. Computer für Schulen), Dienstleistungen etc.; geeignet, um sich beispielsweise auch frühzeitig als potenzieller Arbeitgeber zu profilieren
Mediensponsoring	Sonderform der Mediawerbung, da die Gegenleistung des Gesponserten (z. B. Rundfunk oder Fernsehen) darin besteht, Werbemittel des Sponsors zu transportieren; gut für Markenanbieter, um ein breites Publikum zu erreichen
Umweltsponsoring	Möglichkeit zur Förderung von Natur-, Landschafts-, Tier- und Artenschutz; Umsetzung auch von Umweltforschung und Umwelterziehung; ökologische Verantwortung gegenüber der Gesellschaft hiermit besonders gut kommunizierbar

Tab. 68: Sponsoringarten (Quelle: vgl. Voeth/Herbst 2013, S. 557 ff.)

tierte Produktpräsentationen Kommunikationsbotschaften vermittelt werden sollen (»Infotainment«) (vgl. Bruhn 2012b, S. 214). Ein Beispiel sind aufwendig und mit hohem Erlebnischarakter inszenierte Veranstaltungen von Autohäusern bei der Einführung neuer Pkw-Modelle. Auf diese Weise können Unternehmen ihre Marken emotional »aufladen« und erreichen, dass Teilnehmer der Veranstaltung ihr Erlebnis auch viral kommunizieren (z. B. über Facebook oder Twitter).

Insgesamt kann festgehalten werden, dass den Unternehmen eine Vielzahl kommunikationspolitischer Gestaltungsalternativen zur Verfügung steht. Sämtliche Maßnahmen, die eingesetzt werden sollen, müssen zur Wahrung eines einheitlichen kommunikativen Auftritts koordiniert werden. Zur Sicherstellung eines gelungenen einheitlichen Auftritts kann die in Tabelle 69 aufgeführte Checkliste eine Hilfestellung bieten.

Kritische Reflexion

Mit den Instrumenten der Kommunikationspolitik verfügen Unternehmen über ein vielfältiges Gestaltungspotenzial, um eine effektive und effiziente Kommunikationsarbeit umsetzen zu können. Daraus ergeben sich allerdings auch einige Probleme. Werden diverse Instrumente im Kommunikationsmix eingesetzt, wird es schwierig, die isolierte Wirkung einzelner Aktionen zu messen (**Zuordnungsproblem**) (vgl. hierzu auch Kapitel 6). Auch ist in vielen Fällen das Kommunikationsobjekt nicht nur ein Produkt oder eine Marke, sondern es wird für diverse unternehmerische Leistungen geworben. Die dabei entstehenden Synergieeffekte sind allerdings kaum messbar (**Problem von Synergieeffekten**). Nicht zuletzt zeigt sich der Erfolg (oder auch Misserfolg) eingesetzter Kommunikationsmaßnahmen zum Teil auch erst nach einer zeitlichen Verzögerung (**Problem von Carry-over-Effekten**) (vgl. Bruhn 2013, S. 582 f. sowie Kapitel 6).

Perspektiven

Im Zuge der zunehmenden Relevanz des Beziehungsmarketings (vgl. Grunwald/Schwill 2017a, S. 9 ff.) erlangen auch die Instrumente der Dialogkommunikation verstärkt an Bedeutung. Damit steigt zum einen die Notwendigkeit einer individualisierten Kommunikation, bei der auf das Informations- und Interaktionsbedürfnis einzelner Kunden eingegangen wird. Zum anderen ist aber auch ein Dialog mit gesellschaftlichen Anspruchsgruppen (Stakeholder-Dialog) erforderlich, insbesondere dann, wenn sich Unternehmen im Spannungsfeld einer kritischen Öffentlichkeit befinden (vgl. Bruhn 2013, S. 590 f.). Hinzu kommt die steigende Bedeutung der digitalen Kommunikation.

Checkliste zur Überprüfung der integrierten Kommunikation	Anmerkungen
Existiert ein detailliertes Konzept für die Kampagne? Kernfrage hierbei: Welche Ziele sollen verfolgt werden?	
Welche Zielgruppe soll angesprochen werden? Welche Maßnahmen sind einzusetzen, um diese Zielgruppe zu erreichen? Welcher Zeitrahmen ist geplant? Welches Budget? Wer ist für was verantwortlich?	
Gibt es eine für alle Beteiligten verbindliche Stilbeschreibung oder -vorlage, ein »Style Sheet«, das klare Vorgaben zu Farben, Formen, Motiven, Schriftarten, Sprache und Versprechen des Unternehmens liefert?	
Gibt es »To-Do-Listen« für die einzelnen Maßnahmen/Mitarbeiter?	
Sind alle Projektbeteiligten über den genauen Zeit- und Mediaplan informiert? Kernfrage: Weiß jede eingebundene Abteilung, wann sie welchen Output liefern muss? Etwa: Wann ist die Reinzeichnung des Motivs für die Printanzeige fertig? Wann gehen welche Anzeigendaten in welchem Format zu welcher Zeitung? Wann muss der Online-Banner fertig sein, um rechtzeitig in der Online-Ausgabe einer Zeitschrift geschaltet werden zu können?	
Stehen allen Mitgliedern des Teams jederzeit alle aktuellen Kontaktdaten des übrigen Teams zur Verfügung? Insbesondere: Büro-Telefonnummer, Handynummer, private Telefonnummer, private und berufliche E-Mail-Adressen.	
Ist sichergestellt, dass alle Mitglieder des Teams immer über den gleichen Informationsstand verfügen, etwa über einen E-Mail-Verteiler mit Pflicht zur Empfangsbestätigung?	

Checkliste zur Überprüfung der integrierten Kommunikation	Anmerkungen
Ist ein Info-Pool eingerichtet, der alle Informationen, Dokumente, Memos, Pläne etc. für alle Projektbeteiligten jederzeit zugänglich macht – sei es als Projektordner auf dem Firmenserver oder als Ausdruck in Papierform?	
Gibt es einen Gesamtverantwortlichen (»Hütchenträger«), der für die Koordinierung der Einzelmaßnahmen sorgt und eventuelle Fehlentwicklungen sofort bemerkt und stoppt?	

Tab. 69: Checkliste zur integrierten Kommunikation (vgl. Wissensportal für Marketing und Trendinformationen o. J.)

Hier scheint sich auch eine Veränderung von »Machtstrukturen« in der Kommunikationspolitik zu ergeben. So wird bereits festgestellt, dass die dominante Stellung der Unternehmen als Sender abnimmt. Vielmehr baut sich durch Web-2.0-Anwendungen eine Gegenmacht durch Interessenten und Kunden auf mit der Konsequenz, dass private Nutzer des Internets in Blogs, Wikis, Communitys oder auf Social-Media-Plattformen mehr Informationen zur Verfügung stellen als einzelne Unternehmen. Die Marketingpraxis muss sich aufgrund dieser Entwicklungen zukünftig stärker mit der neuen Online-Realität befassen und auch ihre (strategische) Kommunikationsplanung dahingehend stärker ausrichten (vgl. Kreutzer 2018, S. 13).

5 Tools zur Entscheidungsunterstützung beim simultanen Einsatz der Marketinginstrumente (Marketingmix)

Grundgedanke

Im Rahmen des Marketingmix werden die vier verschiedenen Instrumentbereiche und jeweils zugeordneten Maßnahmen, nämlich Produkt-/Programm-, Preis-, Distributions- und Kommunikationspolitik, aufeinander abgestimmt. Die Abstimmung ist bedeutsam, da regelmäßig mehrere Marketinginstrumente und Maßnahmen parallel vom Anbieter eingesetzt werden, zwischen denen zahlreiche Abhängigkeiten (Interdependenzen) bestehen. Die Instrumente und Maßnahmen mögen sich in ihrer Wirkung sowohl unterstützen als auch behindern (vgl. Grunwald/Hempelmann 2017, S. 376 ff.). Mit der Koordinierung der Instrumente und Maßnahmen soll die Effektivität (Wirksamkeit) und Effizienz (Wirtschaftlichkeit) der Marketingarbeit verbessert werden.

Tools

Zur Bestimmung eines aufeinander abgestimmten Marketingmix können sowohl analytische Verfahren wie auch heuristische Verfahren eingesetzt werden (vgl. Abbildung 53).

Analytische Verfahren bilden die Beziehungen zwischen den Marketinginstrumenten in mathematisch-exakter Weise durch eine Zielfunktion ab, die dann (unter Nebenbedingungen) zu optimieren ist. Hier einordnen lassen

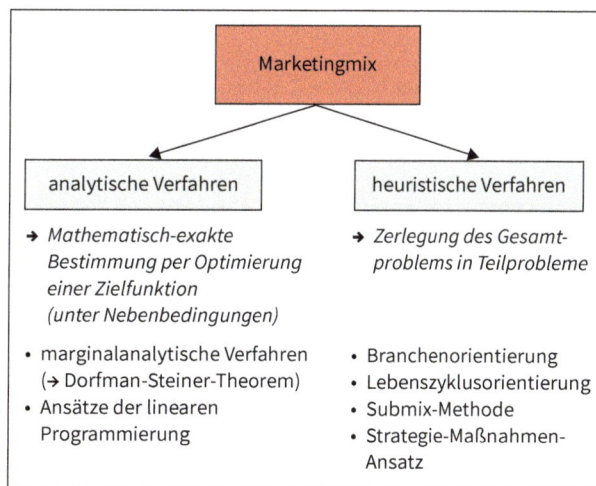

Quelle: vgl. Voeth/Herbst 2013, S. 576

Abb. 53: Verfahren zur Bestimmung des Marketingmix

sich Verfahren der linearen Programmierung sowie marginalanalytische Ansätze wie die Ableitung des optimalen Marketingmix im Rahmen des Dorfman-Steiner-Theorems (vgl. Grunwald/Hempelmann 2017, S. 379 ff.; Voeth/Herbst 2013, S. 577 ff.). Aufgrund der sehr begrenzten Einsatzmöglichkeiten dieser Ansätze in der Praxis liegt der Fokus dort jedoch vermehrt auf den **heuristischen Verfahren.** Diese Ansätze nehmen eine Zerlegung des Gesamtproblems in Teilprobleme vor, womit die Komplexität der Abstimmung der verschiedenen Instrumente und Maßnahmen reduziert werden soll (vgl. Voeth/Herbst 2013, S. 581 ff.).

Bei der **Branchenorientierung** dienen branchenübliche Festlegungen des Marketingmix als Bezugspunkte für die Bestimmung des eigenen Marketingmix. Beispielsweise orientiert sich das Unternehmen an dem jeweils vorliegenden Geschäftstyp auf B2B-Märkten (Produktgeschäft, Anlagengeschäft, Zuliefergeschäft, Systemgeschäft und dem dort vorherrschenden typischen Marketingansatz, z. B. Beziehungsmarketing bei Zuliefer- und Systemgeschäft und Transaktionsmarketing bei Produkt- und Anlagengeschäft (vgl. Grunwald/Schwill 2017a, S. 17 ff.). Anhand der Herausforderungen für das Marketing bei den verschiedenen Geschäftstypen können Implikationen für die Gestaltung und Abstimmung der Marketinginstrumente abgeleitet werden. Tabelle 70 zeigt, welche Herausforderungen grundsätzlich mit verschiedenen Geschäftstypen für das B2B-Marketing verbunden sein können. Diesen Herausforderungen können dann vom Anbieter konkrete Maßnahmen des Marketingmix zugeordnet werden (vgl. Godefroid/Pförtsch 2013, S. 30 ff.).

Bei der **Lebenszyklusorientierung** leitet man aus der idealtypischen Absatz-, Umsatz- und Gewinnentwicklung eines Produktes im Zeitablauf phasenspezifische Ziele und Anforderungen an die Vermarktung des Produktes ab. Unter Berücksichtigung dieser Anforderungen wird dann der eigene Marketingmix phasenspezifisch geplant. Tabelle 71 zeigt die beispielhafte Gestaltung des Marketingmix in Abhängigkeit vom Produktlebenszyklus.

Bei der **Submix-Methode** wird zur Verringerung der Komplexität der Gesamt-Marketingmix in Submixe aufgespalten, nämlich in einen Intra-Marketingmix und in einen Inter-Marketingmix. Beim **Intra-Marketingmix** wird dann zwischen Produktmix, Preismix, Distributions- und Kommunikationsmix unterschieden, zu denen jeweils Maßnahmen einzeln auf den jeweiligen Intra-Mix-Bereich aufeinander abgestimmt werden. In einem zweiten Schritt werden dann die vier Submixe zum Gesamtmix integriert. Problematisch an diesem Vorgehen ist jedoch, dass Abhängigkeiten zwischen den vier In-

Geschäftstyp	Kennzeichnung	Vorherrschender Marketingansatz	Herausforderungen und Folgerungen (Implikationen) für das Marketing
Zuliefergeschäft	Einzelkunde und Kaufverbund	Beziehungsmarketing	• Innovationsfähigkeit • Integrationsfähigkeit • Flexibilität des Leistungsprogramms/der Leistungserstellung
Systemgeschäft	anonymer Markt und Kaufverbund	Beziehungsmarketing	• Entscheidung über den Grad der Systembindung • Gestaltung des Kundennutzens • Aufbau von Reputation • Garantien und Zusicherungen
Anlagengeschäft	Einzelkunde und Einzeltransaktion	Transaktionsmarketing	• Auftragsakquisition • Flexibilität des Leistungsprogramms/der Leistungserstellung • strategische Kooperationen mit anderen Anbietern • Weiterentwicklung (Ausbau) des Transaktionsmarketings zum Beziehungsmarketing, z. B. durch Serviceangebote während der Nutzung der Anlagen
Produktgeschäft	anonymer Markt und Einzeltransaktion	Transaktionsmarketing	• Mass Customization (Produktindividualisierung im Rahmen der Massenfertigung) • Kundenbindung • Segmentierung • Weiterentwicklung (Ausbau) des Transaktionsmarketings zum Beziehungsmarketing durch (segmentbezogene) Individualisierungsansätze in der Produktgestaltung

Tab. 70: Ansatz zur branchenorientierten Ableitung des Marketingmix

Merkmale/ Anforderungen bzw. Ziele	Lebenszyklusphasen			
	Einführung	Wachstum	Reife/Sättigung	Degeneration
Umsatz	gering	schnell steigend	maximal	rückläufig
Kosten pro Kunde	hoch	durchschnittlich	niedrig	niedrig
Gewinn	negativ	steigend	hoch	fallend
Kunden	Innovatoren	Frühadopter	breite Mitte	Nachzügler
Wettbewerber	keine oder wenige	Zahl und Intensität ansteigend	gleichbleibend, eher rückläufig	abnehmend
taktisch-operative Marketingziele	Produkt bekannt machen, Erstkäufe auslösen	größtmöglicher Marktanteil (maximale Marktpenetration)	größtmöglicher Gewinn bei gleichzeitiger Sicherung des Marktanteils	Kostensenkung und Abschöpfung
Gestaltung des Marketingmix				
Produktpolitik	Basisprodukt anbieten	Produktvariation und -differenzierung, Serviceleistungen und Garantien anbieten	Marken und Modelle diversifizieren	Artikel mit negativem Deckungsbeitrag eliminieren; ggf. Relaunch (Neustart) durch (leichte) Veränderung von Eigenschaften
Preispolitik	auf maximalen Wert für den Nutzer orientiert	je nach Preisstrategie unterschiedlich (z. B. leichte Preiserhöhung bei Penetrationsstrategie)	Preis angelehnt an Konkurrenz oder niedriger; ggf. Preisbündelung zur Sicherung des Preis-Leistungs-Verhältnisses	Preissenkungen

Merkmale/ Anforderungen bzw. Ziele	Lebenszyklusphasen			
	Einführung	Wachstum	Reife/Sättigung	Degeneration
Gestaltung des Marketingmix				
Distributionspolitik	Distributionsnetz selektiv aufbauen, Handelskooperationen sukzessive erweitern	Distributionsnetz verdichten, Aufbau Mehrkanalvertrieb	Distributionsnetz weiter verdichten	Änderung der Vertriebskanäle (z. B. Listung bei Discountern, Sonderpostenmärkten)
Kommunikationspolitik	Produkteinführungswerbung, intensive Verkaufsförderungsaktionen	Produkte/Marken im Massenmarkt bekannt machen	Unterscheidungsmerkmale und Vorteile der Marke betonen	Erhaltungswerbung nur noch für die treuesten Kunden

Tab. 71: Gestaltung des Marketingmix in Abhängigkeit vom Produktlebenszyklus (Quelle: vgl. Kotler et al. 2007, S. 1031; Voeth/Herbst 2013, S. 583)

strumentbereichen unberücksichtigt bleiben. Beim **Inter-Marketingmix** werden daher die vier Instrumente gleichzeitig geplant. Allerdings wird hier eine Abstufung nach der Wichtigkeit der Instrumentbereiche z. B. in dominante (für den Markterfolg wichtige), komplementäre (ergänzende), marginale (eher unwichtige) und Standardinstrumente (mit wenig Freiheitsgraden) vorgenommen, um den Mix schrittweise zu planen (vgl. Kühn 1985).

Beim **Strategie-Maßnahmen-Ansatz** wird zwischen langfristig wirksamen strategischen Marketingmix-Entscheidungen und kurz- bzw. mittelfristig wirksamen operativen bzw. taktischen Marketingmix-Entscheidungen unterschieden. Hiernach geben die strategischen Marketingmix-Entscheidungen die Basis für die konkrete Ausgestaltung des taktisch-operativen Marketingmix vor. Hiermit lassen sich dann die zeitlichen und auch inhaltlichen Abhängigkeiten zwischen den Instrumenten berücksichtigen.

Kritische Reflexion

Auch wenn mit den oben dargestellten Tools die Planung eines abgestimmten Marketingmix vereinfacht und unterstützt wird, so zeigt sich hier nach wie vor die Schwierigkeit, sämtliche Wechselwirkungen zwischen den Instrumenten und Maßnahmen lückenlos zu erfassen und bei der Planung des Marketingmix zu berücksichtigen. Zudem fällt die Festlegung der Marketinginstrumente häufig nicht mehr nur in den Entscheidungsbereich eines einzelnen Unternehmens. Oftmals sind an der Vermarktung der Produkte und Leistungen viele Akteure, wie beispielsweise Absatzmittler, beteiligt, die hinsichtlich des Einsatzes der Marketinginstrumente durchaus andere Sichtweisen als der Anbieter vertreten mögen. Trotz aller Bemühungen, sämtliche Instrumente im Rahmen des Marketingmix aufeinander abzustimmen, ist ein optimaler Marketingmix nur kurzfristig zu erreichen. Aufgrund sich teilweise stark wandelnder Märkte ergibt sich demzufolge ein hoher Koordinationsbedarf bzw. eine permanente Notwendigkeit auf der »Suche« nach dem optimalen Marketingmix.

Perspektiven

Die Abstimmung der Marketinginstrumente sollte nicht nur in Bezug auf das eigene Unternehmen erfolgen, sondern auch die Beziehungen zu anderen relevanten Anspruchsgruppen, wie insbesondere zu Händlern, berücksichtigen. Dazu könnten etwaige Zieldivergenzen über den Einsatz der Marketinginstrumente antizipiert und Lösungsansätze in den vier Instrumenten frühzeitig entwickelt werden. Hierzu bieten sich z. B. Kooperationen im

Rahmen von ECR (Efficient Consumer Response) an. Im Zuge der fortschreitenden Digitalisierung dürften sich insgesamt auch für die »Optimierung« des Marketingmix Chancenpotenziale im Rahmen der Stakeholder-Integration ergeben. Mit einer frühzeitigen Einholung von beispielweise Verbrauchermeinungen, -wünschen und -erwartungen (etwa über intensivere Social-Media-Aktivitäten oder über Corporate Blogs) können Entscheidungen überprüft und marktadäquat angepasst werden.

6 Tools zur Messung der Marketing-Performance

Grundgedanke

Die Messung der Marketing-Performance zielt darauf ab, zu ermitteln, ob und inwieweit sich die durchgeführten Marketingmaßnahmen lohnen und das Marketing insgesamt effektiv (wirksam) und effizient (wirtschaftlich) arbeitet und vorgegebene (geplante) Kosten (pro Mengeneinheit) und Budgets (als kumulierte Kosten pro Zeiteinheit) eingehalten werden (vgl. Grunwald/Hempelmann 2017, S. 391).

- Die Messung der **Effektivität** setzt an den zu erreichenden Marketingzielgrößen an. Es wird gefragt, ob vorgegebene Ziele erreicht werden bzw. inwieweit ein vorgegebenes Zielniveau über- oder unterschritten wird.
- Zur Erfassung der **Effizienz** wird das Output-Input-Verhältnis einer Marketingmaßnahme betrachtet. Eine Maßnahme ist effizient, wenn keine andere Maßnahme zu einem besseren Output-Input-Verhältnis führt.
- Während die Messung der Effektivität an der Kontrolle der Output-Größen ansetzt, fokussiert die **Budgeteinhaltung** die Inputseite. Es wird gefragt, ob ein vorgegebener maximaler Inputfaktor im Marketing eingehalten bzw. wie weit dieser überschritten wird.

Die Messung und Beurteilung der Performance kann grundsätzlich auf der strategischen wie auch auf der taktisch-operativen Ebene ansetzen. Auf der **strategischen Ebene** wird die langfristige Performance gemessen. Der Zeithorizont geht regelmäßig über fünf Jahre hinaus. Typische Zielgrößen sind die Existenzsicherung und die Ableitung und Nutzung von Erfolgspotenzialen. Die Betrachtung liegt nicht nur auf der Unternehmung selbst, sondern man ist sich bewusst, dass die langfristigen Erfolgspotenziale aus dem Zusammenspiel von Umwelt-, Markt- und Unternehmensfaktoren erwachsen.

- Im Rahmen der strategischen Kontrolle ist zunächst zu fragen, ob die Prämissen, die seinerzeit zur Ableitung der Strategie geführt haben, noch aktuell sind (**Prämissenkontrolle).** Werden Abweichungen festgestellt, können die ursprünglich gesetzten Annahmen angepasst werden.
- Zweitens wird auch die einmal gewählte Marketingstrategie als grundlegender, langfristiger, aber flexi-

bler (anpassungsfähiger) Handlungsplan zum Erreichen der gesetzten langfristigen Marketingziele infrage gestellt **(Durchführungskontrolle).** Die Überprüfung der Strategie kann an einer Abweichungsanalyse wichtiger Zwischenziele ansetzen, z. B. an der Erreichung des vorgegebenen Marktanteils eines neu eingeführten Produkts nach einem Jahr oder an Ausschussquoten bei der Nutzung einer neuen Produktionstechnologie nach einer bestimmten Produktionsdauer (vgl. Weber/Schäffer 2016, S. 407).

- Schließlich sind die externe und interne Umwelt des Unternehmens zu beobachten, um frühzeitig Chancen und Risiken in gewählten Geschäftsfeldern und Wettbewerbskonzeptionen zu identifizieren **(strategische Überwachung)** (vgl. Weber/Schäffer 2016, S. 408).

Auf der **taktisch-operativen Ebene** wird die mittel- bis kurzfristige Performance einzelner vom Unternehmen eingesetzter Marketinginstrumente und Maßnahmen erfasst. Der Zeithorizont liegt bei einem Jahr (operative Ebene) bis ca. fünf Jahren (taktische Ebene). Es werden Wirkungen der vom Marketing eingesetzten Maßnahmen betrachtet, die sich bereits in kurzer und mittlerer Sicht an der Entwicklung von Aufwand und Ertrag bzw. Kosten und Leistungen zeigen. Typische Zielgrößen sind Wirtschaftlichkeit, Gewinn und Rentabilität.

Darüber hinaus kann die Erfassung der Performance zum einen auf der disaggregierten **Mikroebene,** z. B. einzelner Produkte bzw. Produktfunktionen oder Marken und Markenfunktionen, Absatzkanäle usw., erfolgen. Ergänzend oder alternativ kann die Marketing-Performance auch auf der aggregierten **Makroebene,** z. B. einer Produktgruppe oder eines Mehrkanalvertriebssystems, ansetzen (vgl. Reinecke/Janz 2007, S. 321 ff.).

Tools
Die Messung von **Effektivität, Effizienz und Budgeteinhaltung** erfolgt regelmäßig an Soll-Ist-Vergleichen entsprechender Output- und Inputgrößen. Als Outputgrößen kommen sowohl ökonomische (quantitative) Marketingzielgrößen (wie Erlöse, Absätze, Marktanteile) wie auch vor-ökonomische (qualitative, psychografische) Marketingzielgrößen (z. B. Kundenzufriedenheit, Einstellung, Bekanntheit, Image) in Betracht. Als Inputgrößen können beispielsweise die Werbeaufwendungen (auch relativ bezogen auf die Branche), die Anzahl der kontaktierten Personen oder die Anzahl der Außendienstbesuche herangezogen werden. Beispiele für zu untersuchende Budgets sind etwa Kommunikationsbudgets, Marktfor-

schungs- und Produktentwicklungsbudgets und Kosten für Reisende vs. Handelsvertreter. Im Falle einer festgestellten Zielabweichung sind sodann die hierfür infrage kommenden Ursachen zu identifizieren und Maßnahmen abzuleiten. Hierbei sollte eine Rückkopplung (Feedback) mit vorher bereits durchlaufenen Phasen des Marketingplanungsprozesses erfolgen.

Neben Soll-Größen als Planwerten kann sich die Analyse von Abweichungen im Sinne der **Benchmarking-Analyse** zur Feststellung der Performance auch auf Vergleiche mit

- anderen Organisationseinheiten oder Betrieben,
- anderen Regionen,
- Durchschnittswerten des Marktes bzw. der Branche,
- idealtypischen Werten (Richtgrößen) für Kennzahlen (z. B. aus der Fachliteratur entnommen),
- Werten zum Einsatz anderer (vergleichbarer) Maßnahmen oder mit
- Werten aus anderen Zeitperioden (z. B. Vorjahreswerten) beziehen.

Auf der übergeordneten **strategischen Ebene** können geschlossene **Kennzahlensysteme**, bestehend aus mehreren Schlüsselkennzahlen, sogenannten **Key Performance Indicators,** zur Messung und Beurteilung der Gesamtperformance, betrachtet über verschiedene Marketinginstrumente hinweg, herangezogen werden. Die **Balanced Scorecard** (vgl. Kaplan/Norton 1997; Bischof 2002) ist ein aus verschiedenen Perspektiven bestehendes Kennzahlensystem, das die Leistungsfähigkeit (Performance) von Unternehmen ganzheitlich zu erfassen sucht. Die Gesamtperformance eines Unternehmens wird dabei über mehrere Kennzahlen gemessen, die sich den Perspektiven

- Finanzen,
- Kunden,
- Prozess und
- Personal/Innovation

zuordnen lassen. Die den einzelnen Perspektiven zugeordneten Kennzahlen und auch die Perspektiven selbst können den Gegebenheiten des Unternehmens angepasst werden (vgl. Grunwald/Hempelmann 2017, S. 185 f. und S. 394 ff.). Zu jeder Perspektive werden Ziele, Kennzahlen, Vorgaben und Maßnahmen aus der Strategie abgeleitet. Die Kennzahlen werden weiter in Ergebniskennzahlen (Lagging Indicators) und Leistungstreiber (Leading Indicators) unterschieden. Tabelle 72 zeigt ein Beispiel für die Abbildung der Kundenperspektive im Rahmen einer Balanced Scorecard unter besonderer Be-

Kennzahl	Methode der Ermittlung (Beispiele)

Kundenwert	• periodenbezogen:
	   – ABC-Analyse: Ordnung der Kunden nach Umsatz bzw. Umsatzanteil und Einteilung in Gruppen
	   – Kundendeckungsbeitrag, Kundenerfolgsrechnung
	• periodenübergreifend: Kundenlebenszeitwert (Customer Lifetime Value) als diskontierte kundenspezifische Ein- und Auszahlungen der Investition in den Auf-/Ausbau einer Kundenbeziehung über die geplante Beziehungsdauer

Kundenzufriedenheit	• Kundenbefragung • Gruppendiskussion • Methode kritischer Ereignisse (Critical Incident Technique, CIT) • Beschwerdeanalyse
Servicequalität	• SERVQUAL-Messansatz bzw. Kundenscoring • Mitarbeiterbefragungen (Service-/Kundenzufriedenheit aus Mitarbeitersicht) • durchschnittliche Bearbeitungszeit • Erledigungsquote • Kosten pro Vorgang
Churn-Rate (Abwanderungsrate)	Anzahl der innerhalb einer Periode beendeten Beziehungen/Gesamtzahl aller Kunden des Unternehmens
neu eingegangene Beziehungen	Anzahl der innerhalb einer Periode neu eingegangenen Beziehungen/Gesamtzahl aller Kunden des Unternehmens
Halbwertzeit	Länge des Zeitraums, bis zu dem 50 % der ursprünglichen Kunden das Unternehmen verlassen haben
Silent-Shopper-Bewertungen	Ermittlung der Dienstleistungsqualität durch Testeinkäufer und Auswertung mithilfe statistischer Methoden; Ermittlung einer Silent-Shopper-Bewertung über die Dienstleistungsqualität

Kennzahl	Methode der Ermittlung (Beispiele)
Willingness-to-Pay	• Anzahl bezahlter Rechnungen innerhalb einer Frist X / Gesamtzahl ausgestellter Rechnungen pro Jahr • Summe der Dauern bis Zahlungseingang summiert über alle Rechnungen / Summe der Zahlungsziele über alle Rechnungen
Ergebnisse von Qualitätsaudits	Überprüfung der Qualität durch Externe, Durchführung einer Zertifizierung
Kundenkontakte	Anzahl der Kundenkontakte pro Jahr / pro Mitarbeiter (Kundenkontakte per E-Mail, Fax, Telefon, persönlich usw.)
Kundenbindungsrate	Zahl der Kunden zum Ende eines Jahres / Zahl der Kunden zum Beginn eines Jahres * 100 %

Nachhaltigkeit im Marketing	• Produkteigenschaften:
	  – Langlebigkeit
	  – Gesundheitsverträglichkeit
	• Image und Reputation:
	  – umwelt- und sozialverträgliches Image, aufgedeckt durch Befragungen

Tab. 72: Kennzahlen zur Erfassung der Kundenperspektive einer Beziehungsmarketing-Balanced-Scorecard (Quelle: vgl. Schütte et al. 2004, S. 54 ff.)

rücksichtigung des beziehungsorientierten Marketingansatzes (vgl. Schütte et al. 2004, S. 54 ff.). Wie in der Tabelle 72 zu erkennen ist, lässt sich die klassische Balanced Scorecard auch um Nachhaltigkeitsaspekte erweitern.

Produktmarkträume (Wahrnehmungsräume) lassen sich zur strategischen Kontrolle nutzen, um die Wirkung und den Erfolg von Positionierungsstrategien einzuschätzen (vgl. Grunwald 2017). Hierbei bildet man die Wahrnehmung der im Markt befindlichen Marken, einschließlich der eigenen Marke, aus Sicht der Käufer in einem gering dimensionierten Raum ab, sodass Marken, die als ähnlich (unähnlich) empfunden werden, nah beieinander (weit voneinander entfernt) dargestellt werden. An den Achsen des Raumes werden die relevanten Produkt-/Markeneigenschaften notiert.

Zur Beurteilung der Ist-Positionierung können die Objektpositionen mit verschiedenen Referenzpunkten verglichen und eine Abweichungsanalyse durchgeführt werden. Abbildung 54 zeigt einen beispielhaften Produktmarktraum mit der derzeitig aus Kundensicht wahrgenommenen Markenposition (Ist-Position), die mit verschiedenen anderen Positionen zur Beurteilung der Positionierungsstrategie verglichen wird.

Die in Abbildung 54 dargestellten Distanzen zwischen der eigenen (gegenwärtigen) Objektposition (Ist-Position) und der jeweiligen Referenzposition können, wie in Tabelle 73 dargestellt, interpretiert werden (vgl. Grunwald/Hempelmann 2017, S. 265 f.). Die Nummerierung der Referenzpositionen in Tabelle 73 entspricht dabei der Nummerierung der Abweichungen in Abbildung 54.

Zur Analyse der Performance einzelner Marketinginstrumente lassen sich die in den Tabellen 74 bis 77 dargestellten Output- und Inputgrößen als Kontrollgrößen für Abweichungsanalysen heranziehen. Hierbei lässt sich weiter in quantitative und qualitative Größen differenzieren.

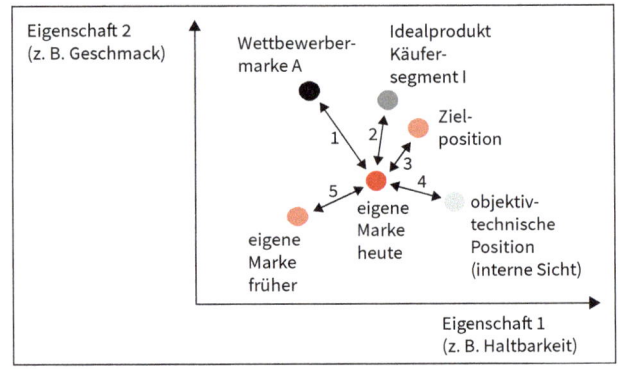

Quelle: eigene Darstellung

Abb. 54: Produktmarktraum zur Beurteilung der Ist-Position einer Marke

Referenzposition zum Vergleich mit der Ist-Position	Mögliche Interpretation der Abweichung zur Ist-Position
1. Konkurrenzmarkenposition	• Differenzierungsgrad der eigenen Marke • Existenz eines Alleinstellungsmerkmals (USP) • Positionierung in einer Marktnische (zu beurteilen in Verbindung mit 2.) • (Un-)Verwechselbarkeit des Images • Grad der Substituierbarkeit • Wettbewerbsintensität
2. Idealmarkenposition (Idealprodukt) eines Käufersegments	• Kaufpräferenz/-wahrscheinlichkeit für die eigene Marke • Positionierung in einer Marktnische (zu beurteilen in Verbindung mit 1.)
3. angestrebte Zielposition	• Zielerreichungsgrad (Soll-Ist Abweichung) • Effektivität der eingesetzten Marketingmaßnahmen zur (Um-) Positionierung
4. tatsächliche (objektiv-technische) Markenposition (aus interner Sicht)	• Grad der Wahrnehmungsverzerrung des Kunden (z. B. Abweichung von wahrgenommener Produktsicherheit zu technisch eingebauter Produktsicherheit) • Grad der Markttransparenz
5. frühere Markenposition	• Einflüsse des Marketings auf die Positionierung, Wirksamkeit der Positionierungsstrategie • Wahrnehmungsveränderung im Zeitablauf, z. B. durch Trends, Zeitgeist

Tab. 73: Referenzpositionen zur Beurteilung der Ist-Positionierung (Quelle: vgl. Grunwald/Hempelmann 2017, S. 266)

Output-/Inputgrößen	Erläuterung
quantitative Größen	

Wachstum und Marktabdeckung	• Absatz
	• Umsatz
	• (absoluter, relativer) Marktanteil (Menge, Wert)
	• Preis:
	   – Endverkaufspreis
	   – Herstellerabgabepreis
	   – Preisprämie: Preisabstand zu qualitativ ähnlichen, aber unmarkierten (schwach markierten) Produkten (z. B. Handelsmarken)
	• Distributionsgrad und -dichte

Profitabilität	• Umsatz • Kosten • Deckungsbeitrag • Gewinn
Struktur	• Altersstruktur der Produkte • Anteil am Umsatz bezogen auf die Artikelzahl (A-, B-, C-Produkte) • Umschlagsgeschwindigkeit, Lagerdauer • Programm-/Sortimentsbreite: Anzahl der verschiedenen Warengruppen in einem Programm/Sortiment • Programm-/Sortimentstiefe: Anzahl verschiedener Artikel innerhalb einer Warengruppe • Fehlverkauf: Der gewünschte Artikel wird grundsätzlich geführt, ist aber zum Kaufzeitpunkt nicht am Lager. • Nichtverkauf: Der Artikel wird überhaupt nicht im Sortiment geführt.

Output-/Inputgrößen	Erläuterung
qualitative Größen	
Aktivierung	• Anmutungsqualität: Aktivierungspotenzial; Wirkung des Produkts auf den Betrachter • Bedürfnis: von Kunden wahrgenommener Mangelzustand, der den Käufer veranlasst, nach Mitteln zu dessen Beseitigung zu suchen • Bedarf: mit Kaufkraft und Zeit ausgestattetes Bedürfnis • Produktinteresse (Produktinvolvement): Motivation eines Kunden, sich mit dem Produkt zu befassen und sich darüber zu informieren
Kognition	• Produktwahrnehmung: Aufnahme und Interpretation von Produktreizen durch Sinnesorgane • Markenpassung (Fit): wahrgenommene Übereinstimmung oder Komplementarität der Dachmarke mit den Submarken aus Käufersicht • Markenbekanntheit: Kenntnis und Verbreitungsgrad des Markennamens in der relevanten Zielgruppe • Produktwissen: im Gedächtnis des Käufers gespeicherte Informationen über ein Produkt • Markenstärke: bei (potenziellen) Käufern bzw. Geschäftspartnern vorhandenes Markenwissen, das den Einsatz der Marketinginstrumente effizienter macht (und sich z. B. in Einsparpotenzialen bei den Marketing- und Vertriebskosten äußert) • Qualitätserwartung: voraussichtliche, mögliche oder erwünschte Leistung aus Sicht des Käufers
Einstellung	• Produktbeurteilung: Entschlüsselung der aufgenommenen Produktreize und gedankliche Weiterverarbeitung bis zur Einschätzung des wahrgenommenen Objekts (aktueller, durch äußere Reizdarbietung ausgelöster Prozess) • Produktnutzen: Grad der erwarteten Bedürfniserfüllung durch ein Produkt = Grundnutzen + Zusatznutzen • Grundnutzen: Bedürfnisbefriedigung durch technisch-funktionale Produkteigenschaften • Zusatznutzen: Erfüllung seelisch-geistiger Bedürfnisse, die über den Grundnutzen hinausgehen (z. B. durch ästhetische Eigenschaften, durch Prestige)

Output-/Inputgrößen	Erläuterung
	• Produkt-/Markenimage: Gesamteindruck von einer Marke (einem Produkt) im Wettbewerbsumfeld, das die mit einem Beurteilungsobjekt assoziierten wahrgenommenen positiven und/oder negativen Eigenschaften reflektiert • Positionierung: Differenzierungsmerkmale, Besonderheiten der Marke, Relevanz der Marke für Käufersegmente • Einstellung zum Produkt: gelernte und dauerhafte Bereitschaft, auf einen Produktstimulus konsistent positiv, neutral oder negativ zu reagieren; verfestigtes Ergebnis von vorausgegangenen Wahrnehmungs- und Beurteilungsvorgängen • Kundenzufriedenheit: Grad der Erwartungserfüllung nach Inanspruchnahme (Verwendung) des Produktes

Intention/Verhalten	• Präferenz: Grad der Vorziehenswürdigkeit bestimmter Produktalternativen und Preislagen durch Kunden
	• Kaufabsicht
	• Kundenbindung: kundenbezogenes Markt-, Ertrags- und Entwicklungspotenzial durch Wiederkäufe, Zusatzkäufe (Cross-Selling) und Weiterempfehlungen
	• Handelsunterstützung:
	  – handelsseitige Sortimentsaufnahme des Produkts
	  – angemessene Produktbehandlung durch den Handel (fachgerechte Pflege, Kundenberatung usw.)

Tab. 74: Kontrollgrößen zur Beurteilung der Performance im Rahmen der Produktpolitik (Quelle: vgl. Reinecke/Janz 2007, S. 175 ff.; Grunwald/Hempelmann 2017, S. 6 ff., 50 und 231 ff.; Kroeber-Riel/Gröppel-Klein 2013)

Output-/Inputgrößen	Erläuterung
quantitative Größen	

Wachstum	- Umsatz
	- Preis:
	  - Preisabstand
	  - Rabatthöhe
	  - Bruttopreise
	- Absatz:
	  - Marktvolumen (Menge)
	  - Marktanteil (Menge): Anzahl Neukunden, Anzahl Stammkunden, Kaufhäufigkeit
	  - Preisabstand
	  - Absatzkanal

Profitabilität	- Umsatz - Kosten - Gewinn - Auslastung
Sicherheit/ Unabhängigkeit	- Kosten - Cashflow: zeitraumbezogene Liquidität
qualitative Größen	
Aktivierung	- Preisemotion: angenehme oder unangenehme, mehr oder weniger bewusste und nicht regelmäßig wiederkehrende Empfindungen über Preise - Preisinteresse: Bedürfnis des Nachfragers, bei Kaufentscheidungen den Preis zu berücksichtigen und nach Preisinformationen zu suchen

Output-/Inputgrößen	Erläuterung
Kognition	• Preiswahrnehmung: Aufnahme und Interpretation von Preissignalen • Preislernen/-kenntnisse: Erwerb von Preiswissen im Langzeitgedächtnis durch Preisbeobachtung und -erfahrungen • Preiserwartung, Preisschätzung

Einstellung	• Preisbeurteilung: subjektive Bewertung eines Preises, um die Angemessenheit einzuschätzen
	   – Preisgünstigkeit: Beurteilung des absoluten Preises
	   – Preiswürdigkeit: Beurteilung des Preis-Leistungs-Verhältnisses
	• Preistransparenz: Vollständigkeit, Richtigkeit und Aktualität der Kenntnisse über die angebotenen Leistungen und deren Preise
	• Preissicherheit: subjektive Sicherheit von Kunden hinsichtlich der relativen Vorteilhaftigkeit des Angebotspreises
	• Preiszuverlässigkeit: subjektiv beurteilte Einhaltung der vom Anbieter gegebenen Preisversprechen
	• Preisvertrauen: Erwartung an einen Anbieter, dass geforderte Preise angemessen und gerechtfertigt sind (beeinflusst von der Preistransparenz, der Preissicherheit und der Preiszuverlässigkeit)
	• Preisimage: Gesamteindruck hinsichtlich aller subjektiv wahrgenommenen Preisleistungen
	• Preiszufriedenheit: Ergebnis eines gedanklichen Abgleichs von Preiserwartungen und Preiswahrnehmungen (beeinflusst von der Preiszuverlässigkeit, der Preisgünstigkeit und der Preiswürdigkeit)

Intention/Verhalten	• Preispräferenz: Bevorzugung bestimmter Qualitäts- und Preislagen (z. B. Bevorzugung von Handelsmarken gegenüber Herstellermarken) • Preisbereitschaft (Zahlungsbereitschaft): Absicht, in einer zukünftigen Kaufsituation höchstens einen bestimmten Preis für eine Leistung zu akzeptieren • Kundenbindung: Wiederkauf-, Zusatzkauf-, Weiterempfehlungsabsicht bzw. -verhalten

Tab. 75: Kontrollgrößen zur Beurteilung der Performance im Rahmen der Preispolitik (Quelle: vgl. Reinecke/Janz 2007, S. 206 f.; Diller 2008; Voeth/Herbst 2013, S. 370 ff.)

Zielkategorie	Zielgrößen (Output, Input)
quantitative Größen	
absatzkanalspezifische Umsatzerlöse	• Absatzvolumen • erzielbare Absatzpreise • Bestellrhythmus
Marktpräsenz und Absicherung	• Distributionsgrad (numerisch): Zahl der die Marke X führenden Verkaufsstellen / Zahl der die entsprechende Warengruppe führenden Verkaufsstellen • Distributionsgrad (gewichtet): Umsatz der die Marke X führenden Verkaufsstellen * 100 / Umsatz der die entsprechende Warengruppe führenden Verkaufsstellen • Distributionsdichte: Anzahl der Verkaufsstellen, die in einem Absatzgebiet ein bestimmtes Produkt oder eine bestimmte Marke führen an der Fläche des Absatzgebietes • Wachstumspotenzial der Absatzmittler • Bezugstreue der Absatzmittler • Out-of-Stock-Quote: Anteil der nicht verfügbaren Artikel an der Gesamtzahl der geführten (nachgefragten) Artikel • Kosten von »Out-of-Stock«-Situationen: z. B. Umsatzverluste bzw. Kundenverluste durch nicht erfüllte Nachfrage, Kosten der Nachlieferung
absatzkanalspezifische Kosten	• Kosten des Aufbaus und der Änderung des Vertriebswegs • Transportkosten pro Einheit: Fremdtransportkosten, Verpackungs-/Abwicklungskosten, Kosten der Transportkapazität (z. B. des Transportpersonals), Kosten der Transportbereitschaft und -durchführung • Lagerkosten pro Einheit: Kosten der Lagerkapazität, der Lagerbereitschaft, der Erhaltung der Lagergüter, Zinskosten für das gebundene Kapital usw.

Zielkategorie	Zielgrößen (Output, Input)
Lieferservice	• Lieferzuverlässigkeit: Zuverlässigkeit, mit der Liefertermine eingehalten werden; Anzahl termingerecht ausgelieferter Bedarfsanforderungen * 100 / Gesamtzahl der Bedarfsanforderungen • Lieferbereitschaft: Fähigkeit, Ware bei Bedarf sofort ab Lager zu liefern; ab Lager erfüllte Bedarfsanforderungen * 100 / Gesamtzahl der Bedarfsanforderungen • Lieferbeschaffenheit: Grad, inwieweit die gelieferte Ware beim Kunden Grund zu Beanstandungen gibt; Anzahl der Beanstandungen * 100 / Gesamtzahl der Bedarfsanforderungen • Lieferflexibilität: Fähigkeit des logistischen Systems, Sonderwünsche des Kunden zu erfüllen (z. B. bezogen auf die Ware selbst oder die Liefermodalitäten); Anzahl der erfüllten Sonderwünsche * 100 / Gesamtzahl der Sonderwünsche
Zugang zu Handelsinformationen	• Lagerbestände • Abverkaufsdaten • Preisniveau • Promotionsdaten
qualitative Größen	
Grad der Funktionserfüllung der Absatzorgane	• Zeitüberbrückungsfunktion: Wie gut werden zeitliche Spannungen zwischen Produktion und Konsumtion durch das System überwunden (z. B. durch Lagerhaltung, Kreditierung)? • Raumüberbrückungsfunktion: Wie gut werden räumliche Spannungen zwischen Produktion und Konsumtion durch das System überwunden (z. B. durch direkte Kundennähe, Erfüllung von Transportfunktionen)? • Quantitätsfunktion: Inwiefern lassen sich durch das System kleinere Nachfragemengen zu größeren Produktionsaufträgen bündeln und Planungsvorteile realisieren? • Qualitätsfunktion: Welchen Mehrwert bietet das System für Kunden (z. B. Sortimentsbildung, Veredlung, Beratung, Kundendienst)?
Image des Absatzkanals	• Image des Vertriebskanals • Image der Einkaufsstätte • Servicegrad

Zielkategorie	Zielgrößen (Output, Input)
Flexibilität des Absatzkanals	• Aufbaudauer • Anpassungsfähigkeit der Absatzmittler (z. B. an Trends und verändertes Käuferverhalten) • Barrieren der Umorganisation von Vertriebskanälen
Beeinflussbarkeit des Absatzkanals	• relative Machtposition und Machtverteilung • Kooperationsbereitschaft der Absatzmittler, Grad der Kooperation (z. B. vertragliche Abstimmung, Kooperation im Rahmen von Efficient Consumer Response (ECR)) • Bindungsmöglichkeiten • Konfliktpotenzial (z. B. Art und Weise der Kommunikation, Existenz von Zieldivergenzen, ungelöste Probleme, angespannte Absatzsituation, Stärke der Macht der Vertriebspartner)

Tab. 76: Kontrollgrößen zur Beurteilung der Performance im Rahmen der Distributionspolitik (Quelle: vgl. Reinecke/Janz 2007, S. 318 und 324; Grunwald/Hempelmann 2017, S. 343)

Zielkategorie	Zielgrößen (Output, Input)
quantitative Größen	
Kommunikationsressourcen	• Werbeaufwand (Budget) • Sichtkontakte (z. B. Summe der Einblendungen der Werbemittel einer Kampagne nach Werbeträger über alle Rezipienten) • Klicks (bei Online-Werbung) • Kampagnendauer (gemessen in Tagen) • Werbemittelgröße
Medienquantität	• Reichweite: Anzahl erreichter Kontakte bzw. Zielpersonen mit einem Medium • Bruttoreichweite: Summe aller mit dem Medium erzielten Kontakte (Kontaktsumme) einschließlich der Mehrfachkontakte • Nettoreichweite: Anzahl Personen, die mindestens durch eine Schaltung in mehreren Medien erreicht werden • kumulierte Reichweite: Anzahl Personen, die mindestens durch mehrere Schaltungen in einem Medium erreicht werden • kombinierte Reichweite: Anzahl Personen, die mindestens durch mehrere Schaltungen in mehreren Medien erreicht werden • Leser pro Nummer (LpN): Anzahl der Personen, die eine normale Ausgabe einer Zeitschrift lesen oder durchblättern • Leser pro Ausgabe (LpA): Anzahl der Leser einer Ausgabe • Share of Advertising (SoA): eigene Werbeaufwendungen / Werbeaufwendungen für die betrachtete Produktkategorie bzw. der entsprechenden Branche • Share of Voice (SoV): erzielte Summe an Zielpersonenkontakten (Bruttoreichweite) / Anzahl der Zielpersonenkontakte durch Werbung in der gesamten Branche • Share of Mind (SoM): durchschnittliche Kontaktanzahl pro Zielperson durch eigene Werbung / durchschnittliche Anzahl der Kontakte pro Zielperson durch Werbung in der Branche bzw. Produktkategorie • Gross Rating Points (GRP): Bruttoreichweite des Mediaplans (Kontaktsumme) * 100 / Zielgruppengröße • Tausenderpreis: (Kosten je Belegung des Werbeträgers (Mediums) / Reichweite des Werbeträgers) * 1000

Zielkategorie	Zielgrößen (Output, Input)
Verhaltens-änderung in der Zielgruppe	• Informationsverhalten • Weiterempfehlungsverhalten • Kauf-/Wiederkaufverhalten • Zusatzkaufverhalten • Verwendungsverhalten • Beschwerdeverhalten (z. B. Reduktion der Stornoquote)
Markterfolg	• Käuferreichweite (Penetration): Anteil der Käufer, die eine Marke (ein Produkt) mindestens einmal in einem bestimmten Zeitraum gekauft haben • Wiederkaufrate (Bedarfsdeckungsrate): Anteil der Käufer, die die Marke (das Produkt) nach dem erstmaligen Kauf in einem bestimmten Zeitraum zum zweiten Mal erwerben • Kaufintensität: durchschnittliche Kaufmenge einer Marke (eines Produkts) pro Käufer (bzw. pro Haushalt) pro Zeiteinheit / durchschnittliche Kaufmenge pro Käufer (pro Haushalt) im Gesamtmarkt (bezogen auf alle Marken bzw. Produkte) • Share-of-Wallet: Anteil der Gesamtausgaben für eine bestimmte Produktgruppe, die ein Kunde bei einem bestimmten Anbieter ausgibt • Umsatz • Absatz • Marktanteil (absolut, relativ) • Kosten (z. B. Einspareffekt in der Werbung) • Gewinn • Deckungsbeitrag
qualitative Größen	
Qualität der Kommunika-tionsmittel	• Botschaftsinhalt • Botschaftsformulierung/Form der Gestaltung (z. B. informativ vs. emotional, ausführlich vs. kurz) • Innovativität • Medienqualität

Zielkategorie	Zielgrößen (Output, Input)
Kontakt-qualität	- Zielgruppenaffinität: Anteil einer bestimmten Zielgruppe an der Gesamtnutzerschaft eines Mediums bzw. Werbeträgers - Wirksamkeit des Mediums (z. B. gemessen an der Bindung bzw. Zuwendung der Nutzer an ein bestimmtes Medium sowie dessen Glaubwürdigkeit) - Wirksamkeit des gewählten Werbemittels (z. B. Größe der Anzeige, Dauer des TV-Spots)
Aufnahme der Botschaft	- Aktivierung: allgemeine Erregung und innere Spannung des Organismus, durch die der Käufer in einen Zustand der Leistungsbereitschaft und -fähigkeit versetzt wird - Aufmerksamkeit: vorübergehende Aktivierung - Interesse - erste Anmutung - Prägnanz - Verständlichkeit - Glaubwürdigkeit - Wahrnehmung: Informationsaufnahme und Interpretation zur (subjektiv gefärbten) Abbildung der Realität
Speicherung der Botschaft	- Recall (Erinnerung): z. B. Nennung einer Marke zu einer gegebenen Produktkategorie aus dem Gedächtnis - Recognition (Wiedererkennung): Wiedererkennung von z. B. einer Anzeige (Marke) aus vorgelegten Zeitungen/Zeitschriften (Markennamen) - Markenbekanntheit - Salienz: Auffälligkeit, Geläufigkeit, Spontanassoziation

Zielkategorie	Zielgrößen (Output, Input)
Einstellungs-änderung bei der Zielgruppe	• allgemeine Wertschätzung: Gefallen (z. B. Likes/Dislikes) • (Produkt-) Beurteilung: Entschlüsselung der aufgenommenen Reize und gedankliche Weiterverarbeitung bis zur Einschätzung des wahrgenommenen Objekts • Einstellung: gelerntes und verfestigtes Ergebnis vorausgegangener Wahrnehmungs- und Beurteilungsvorgänge • Image: Gesamteindruck von einer Marke im Wettbewerbsumfeld, das die mit einem Beurteilungsobjekt assoziierten wahrgenommenen positiven und/oder negativen Eigenschaften reflektiert • Positionierung: Differenzierungsmerkmale, Besonderheiten der Marke, Relevanz der Marke für Käufersegmente • Präferenz: Grad der Vorziehenswürdigkeit einer Alternative • Überzeugung • Kaufabsicht

Tab. 77: Kontrollgrößen zur Beurteilung der Performance im Rahmen der Kommunikationspolitik (Quelle: vgl. Reinecke/Janz 2007, S. 229 ff.; Grunwald/Hempelmann 2017, S. 6 ff.; Bauer et al. 2010, S. 83 ff.)

Kritische Reflexion

Die isolierte Verwendung einzelner Kennzahlen zur Beurteilung der Performance von Marketinginstrumenten und Maßnahmen kann zu Fehlschlüssen verleiten (vgl. Grunwald/Hempelmann 2017, S. 398). Insbesondere kann an der Entwicklung rein quantitativer (ökonomischer) Zielgrößen (wie Umsatz, Marktanteil, Gewinn) der Erfolg einer Maßnahme oftmals nur unzureichend beurteilt werden, da diese Größen zahlreichen Einflussfaktoren (z. B. Konkurrenzeinflüssen, konjunkturellen Einflüssen, Trends) unterliegen. Zudem lassen sich aus der Veränderung der quantitativ-ökonomischen Zielgrößen nur wenige Informationen für die Unterstützung der Planung und Gestaltung der Marketinginstrumente (z. B. der Kommunikationsmaßnahmen) ableiten.

Es ist zu beachten, dass der mit einer Kennzahl oftmals unterstellte Ursache-Wirkungs-Zusammenhang nicht zwingend und in jeder Situation gegeben sein muss (vgl. Reinecke/Janz 2007, S. 162). Der Erfolg kann auch mit anderen Größen als dem Einsatz der Marketinginstrumente oder der eigenen Marketingorganisation in Zusammenhang stehen (vgl. Reinecke/Janz 2007, S. 235). Es wirken etwa eingesetzte Maßnahmen in Verbindung mit anderen parallel eingesetzten Maßnahmen auf den Gesamterfolg, sodass der Erfolgsbeitrag einer Maßnahme nicht mehr klar zugeordnet werden kann (**Interdependenzeffekt**). Maßnahmen für eine bestimmte Leistung wirken auf die Zielgrößen (z. B. Einstellung, Verhalten) bzw. den Einsatz der Marketinginstrumente bei einer anderen Leistung ein (**Spill-over-Effekt**). Insbesondere bei kommunikationspolitischen Maßnahmen ergeben sich auch zeitliche Ausstrahlungseffekte, die dazu führen, dass der Erfolg in einer Periode nicht eindeutig den in dieser Periode eingesetzten Instrumenten zugeordnet werden kann (**Carry-over-Effekt**).

Perspektiven

Um Fehlinterpretationen und falsche Schlussfolgerungen zu vermeiden, sollten zur Performance-Messung stets mehrere (quantitative und qualitative) Zielgrößen und Indikatoren verwendet werden. Der Einsatz experimenteller Wirkungsanalysen auf Grundlage experimenteller Designs (vgl. Grunwald/Hempelmann 2017, S. 309) ist sinnvoll, um die ursächlich auf eine Maßnahme zurückzuführende Performance zu ermitteln und Störgrößen zu kontrollieren.

Literatur

Ansoff, H. I. (1966): Management-Strategie. Landsberg am Lech: Moderne Industrie.

Auma (o. J.): Startseite. http://www.auma.de/de/TippsFuer-Aussteller/FoerderprogrammeDeutschland/Seiten/Default.aspx (abgerufen am 18.07.2018).

Backhaus, K./Voeth, M. (2014): Industriegütermarketing. 10. Aufl., München: Vahlen.

Barney, J. B. (1991): Firm resources and sustained competitive advantage. In: Journal of Management, 17. Jg., H. 1, S. 99–120.

Barney, J. B./Hesterly, W. S. (2012): Strategic management and competitive advantage. 4. Aufl., Upper Saddle River (NJ): Prentice Hall.

Bauer, H. H./Hammerschmidt, M./Hartung, R./Shenawai, N. (2010): Messung und Analyse der Online-Werbeeffizienz. In: Controlling – Zeitschrift für erfolgsorientierte Unternehmenssteuerung, 22. Jg., H. 2, S. 83–88.

Baum, H.-G./Coenenberg, A. G./Günther, T. (1999): Strategisches Controlling. 2. Aufl., Stuttgart: Schäffer-Poeschel.

Becker, J. (2013): Marketing-Konzeption. Grundlagen des zielstrategischen und operativen Marketing-Managements. 10. Aufl., München: Vahlen.

Behle, C./Vom Hofe, R. (2006): Die 170 besten Checklisten für Verkaufsgespräche: Neukunden gewinnen, Stammkunden binden, Großkunden überzeugen. Landsberg am Lech: Moderne Industrie.

Benkenstein, M. (2002): Strategisches Marketing. Ein wettbewerbsorientierter Ansatz. 2. Aufl., Stuttgart: Kohlhammer.

Berndt, R./Fantapié Altobelli, C./Sander, M. (2016): Internationales Marketing-Management. 5. Aufl., Wiesbaden: Springer Gabler.

Berry, L. L. (1983): Relationship marketing. In: Berry, L. L./Shostack, G. L./Upah, G. D. (Hrsg.): Emerging perspectives on services marketing. Chicago (IL): American Marketing Association, S. 25–28.

Bischof, J. (2002): Die Balanced Scorecard als Instrument einer modernen Controlling-Konzeption. Wiesbaden: Deutscher Universitätsverlag.

BMWi – Bundesministerium für Wirtschaft und Energie (o. J.a): Existenzgründungsportal des BMWi. Marketing. http://www.existenzgruender.de/ (abgerufen am 18.07.2018).

BMWi – Bundesministerium für Wirtschaft und Energie (o. J.b): Checklisten und Übersichten. https://www.existenzgruender.de/DE/Planer-Hilfen/Checklisten-Uebersichten/inhalt.html (abgerufen am 18.07.2018).

Bruhn, M. (2011): Unternehmens- und Marketingkommunikation. Handbuch für ein integriertes Kommunikationskonzept. 2. Aufl., München: Vahlen.

Bruhn, M. (2012a): Kundenorientierung. Bausteine für ein exzellentes Customer Relationship Management (CRM). 4. Aufl., München: dtv.

Bruhn, M. (2012b): Marketing. Grundlagen für Studium und Praxis. 11. Aufl., Wiesbaden: Springer Gabler.

Bruhn, M. (2013): Kommunikationspolitik. Systematischer Einsatz der Kommunikation für Unternehmen. 7. Aufl., München: Vahlen.

Bruhn, M. (2016): Relationship Marketing. Das Management von Kundenbeziehungen. 5. Aufl., München: Vahlen.

Business-wissen.de (o. J.): Preis-Leistungs-Positionierung im Wettbewerb. https://www.business-wissen.de/produkt/3458/preis-leistungs-positionierung-im-wettbewerb/ (abgerufen am 25.07.2018).

Casspix.com (o. J.): IKEA – Everyday fabulous. http://casspix.com/photography/commercial/ (abgerufen am 30.6.2018).

Dickson, P. R. (1983): Distributor portfolio analysis and the channel dependence matrix: new techniques for understanding and managing the channel. In: Journal of Marketing, 47. Jg., Nr. 2, S. 35–44.

Diller, H. (2008): Preispolitik. 4. Aufl., Stuttgart: Kohlhammer.

Diller, H./Haas, A./Ivens, B. (2005): Verkauf und Kundenmanagement. Eine prozessorientierte Konzeption. Stuttgart: Kohlhammer.

Gassmann, O./Sutter, P. (2011): Praxiswissen Innovationsmanagement. Von der Idee zum Markterfolg. 2. Aufl., München: Carl Hanser.

Gausemeier, J./Stoll, K./Wenzelmann, C. (2007): Szenario-Technik und Wissensmanagement in der strategischen Planung. In: Vorausschau und Technologieplanung. 3. Symposium für Vorausschau und Technologieplanung. HNI-Verlagsschriftenreihe, Band 219. Paderborn: Heinz Nixdorf Institut.

Godefroid, P./Pförtsch, W. (2013): Business-to-Business-Marketing. 5. Aufl., Herne: Friedrich Kiehl.

Gottschalk, I. (2001): Ökologische Verbraucherinformation: Grundlagen, Methoden und Wirkungschancen. Berlin: Duncker & Humblot.

Grunwald, G. (2009): Analyse der Wirtschaftlichkeit von Kundenkartensystemen: Theoretische Grundlagen und empirische Anwendung. In: Seicht, G. (Hrsg.): Jahrbuch für Controlling und Rechnungswesen 2009. Wien: LexisNexis, S. 585–609.

Grunwald, G. (2010a): Die sozioökonomische Analyse in der Europäischen Chemikalienregulierung (REACH): Möglichkeiten und Grenzen der Bewertung nicht-marktfähiger Güter und Gütereigenschaften. In: ZfU – Zeitschrift für Umweltpolitik & Umweltrecht, 33. Jg., Nr. 3, S. 285–308.

Grunwald, G. (2010b): Die sozioökonomische Analyse in Chemieunternehmen: Herausforderungen bei der Umsetzung der Europäischen Chemikalienverordnung. In: Ökologisches Wirtschaften, 25. Jg., Nr. 4, S. 30–34.

Grunwald, G. (2013): Garantien als Marketinginstrument: Wirkungs- und Entscheidungsanalyse. Lohmar: Josef Eul.

Grunwald, G. (2017): Positionierungsanalyse: Prozess, Methoden, Strategieableitung. In: Das Wirtschaftsstudium (wisu), 46. Jg., H. 2, S. 194–200.

Grunwald, G./Hempelmann, B. (2012): Angewandte Marktforschung: Eine praxisorientierte Einführung. München: Oldenbourg.

Grunwald, G./Hempelmann, B. (2017): Angewandte Marketinganalyse: Praxisbezogene Konzepte und Methoden zur betrieblichen Entscheidungsunterstützung. Berlin/Boston: De Gruyter Oldenbourg.

Grunwald, G./Schwill, J. (2017a): Beziehungsmarketing. Gestaltung nachhaltiger Geschäftsbeziehungen – Grundlagen und Praxis. Stuttgart: Schäffer-Poeschel.

Grunwald, G./Schwill, J. (2017b): Nachhaltigkeitsmarketing: Ziele, Strategien, Instrumente. In: Das Wirtschaftsstudium (wisu), 46. Jg., H. 12, S. 1364–1373.

Grunwald, G./Schwill, J. (2017c): Dienstleistungsprozesse mit Kunden-Koproduktion. Qualitätsbeurteilung, Herausforderungen und Lösungsansätze. In: zfo – Zeitschrift Führung + Organisation, 86. Jg., H. 6, S. 360–365.

Grunwald, G./Schwill, J. (2018a): Partizipative Folgenabschätzung. Ein beziehungsorientierter Ansatz der Stakeholder-Integration. In: zfo – Zeitschrift Führung + Organisation, 87. Jg., H. 3, S. 185–190.

Grunwald, G./Schwill, J. (2018b): Der Brand Behavior Funnel. Analyse und Steuerung der mitarbeiterbezogenen Markenidentität. In: zfo – Zeitschrift Führung + Organisation, 87. Jg., H. 3, S. 191–195.

Hansen, U. (1990): Absatz- und Beschaffungsmarketing des Einzelhandels. 2. Aufl., Göttingen: Vandenhoeck & Ruprecht.

Hansen, U./Hennig-Thurau, T./Schrader, U. (2001): Produktpolitik. 3. Aufl., Stuttgart: Schäffer-Poeschel.

Hansen, U./Stauss, B. (1983): Marketing als marktorientierte Unternehmenspolitik oder als deren integrativer Bestandteil? In: Marketing – Zeitschrift für Forschung und Praxis, 5. Jg., H. 2, S. 77–86.

Hettler, U. (2011): Social Media Marketing. Marketing mit Blogs, Sozialen Netzwerken und weiteren Anwendungen des Web 2.0. München: De Gruyter Oldenbourg.

Hinterhuber, H. H. (1992): Strategische Unternehmensführung I. Strategisches Denken. 5. Aufl., Berlin: De Gruyter.

Homburg, C. (2017): Marketingmanagement. Strategie – Instrumente – Umsetzung – Unternehmensführung. 6. Aufl., Wiesbaden: Springer Gabler.

Hungenberg, H. (2011): Strategisches Management in Unternehmen. Ziele – Prozesse – Verfahren. 6. Aufl., Wiesbaden: Gabler.

Ideenwunder.at (o. J.): Mr Proper beweist Reinheit! http://ideenwunder.at/ambient-marketing-mr-proper/ (abgerufen am 30.6.2018).

Johne, T. (2005): Basiswissen Kundenorientierung – Kundenbindung. Strategien für erfolgreiche Kundenbeziehungen. Schriftenreihe: Das kleine 1x1 des Marketings. Sternenfels: Wissenschaft & Praxis.

Kaplan, R. S./Norton, D. P. (1997): Balanced Scorecard: Strategien erfolgreich umsetzen. Stuttgart: Schäffer-Poeschel.

Kotler, P./Armstrong, G./Wong, V./Saunders, J. (2011): Grundlagen des Marketing. 5. Aufl., München: Pearson Education.

Kotler, P./Keller, K. L./Bliemel, F. (2007): Marketing-Management: Strategien für wertschaffendes Handeln. 12. Aufl., München: Pearson Studium.

Kotler, P./Keller, K. L./Opresnik, M. O. (2017): Marketing-Management. Konzepte – Instrumente – Unternehmensfallstudien. 15. Aufl., Hallbergmoos: Pearson Deutschland.

Kreutzer, R. T. (2012): Praxisorientiertes Online-Marketing. Konzepte – Instrumente – Checklisten. Wiesbaden: Gabler.

Kreutzer, R. T. (2013): Praxisorientiertes Marketing. Grundlagen – Instrumente – Fallbeispiele. 4. Aufl., Wiesbaden: Springer Gabler.

Kreutzer, R. T. (2018): Praxisorientiertes Online-Marketing. Konzepte – Instrumente – Checklisten. 3. Aufl., Wiesbaden: Springer Gabler.

Kroeber-Riel, W./Gröppel-Klein, A. (2013): Konsumentenverhalten. 10. Aufl., München: Vahlen.

Kühn, R. (1985): Marketing-Instrumente zwischen Selbstverständlichkeit und Wettbewerbsvorteil: Das Dominanz-Standard-Modell. In: Marketing Review St. Gallen, 2. Jg., Nr. 4, S. 16–21.

Kuß, A./Tomczak, T. (2007): Käuferverhalten. 4. Aufl., Stuttgart: Lucius & Lucius.

Kutschker, M./Schmid, S. (2011): Internationales Management. 7. Aufl., München: De Gruyter Oldenbourg.

Lasswell, H. D. (1948): The structure and function of communication in society. In: Bryson, L. (Hrsg.): The communication of ideas. New York: Harper and Brothers, S. 37–52.

Leitner, W. (2015): Logistik, Transport und Lieferbedingungen als Fundament des globalen Wirtschaftens – Eine Einführung. Wiesbaden: Springer Gabler.

Lendt, C. (2017): Produkte mit Projekten verkaufen sich besser. In: MittelstandsWiki, Beitrag vom 05.12.2017. https://www.mittelstandswiki.de/wissen/Cause_Related_Marketing (abgerufen am 11.06.2018).

Manager Magazin (Hrsg.) (2018): Unternehmen. Was ist eigentlich USP? http://www.manager-magazin.de/unternehmen/karriere/grossbild-447030-733803.html (abgerufen am 19.05.2018).

McCarthy, J. (1960): Basic marketing: a managerial approach. Homewood (IL): R. D. Irwin.

McDonald, M. (2008): Marketingpläne: Eine Einführung für die praktische Anwendung. 6. Aufl., Heidelberg: Spektrum.

McGuire, W. J. (1981): Theoretical foundations of campaigns. In: Rice, R. E./Paisley, W. J. (Hrsg.): Public communication campaigns. Beverly Hills (CA): Sage, S. 41–70.

Meffert, H. (1980): Perspektiven des Marketing in den 80er Jahren. In: Die Betriebswirtschaft, 40. Jg., H. 1, S. 59–80.

Meffert, H./Bruhn, M./Hadwich, K. (2018): Dienstleistungsmarketing. Grundlagen – Konzepte – Methoden. 9. Aufl., Wiesbaden: Springer Gabler.

Meffert, H./Burmann, C./Kirchgeorg, M. (2015): Marketing. Grundlagen marktorientierter Unternehmensführung. Konzepte – Instrumente – Praxisbeispiele. 12. Aufl., Wiesbaden: Springer Gabler.

Müller, S./Gelbrich, K. (2004): Interkulturelles Marketing. München: Vahlen.

Olbrich, R. (2006): Marketing: Eine Einführung in die marktorientierte Unternehmensführung. 2. Aufl., Berlin/Heidelberg: Springer.

Perlmutter, H. V. (1969): The tortuous evolution of the multinational corporation. In: Columbia Journal of World Business, 4. Jg., H. 1, S. 9–18.

Pfohl, H.-C. (2018): Logistiksysteme: Betriebswirtschaftliche Grundlagen. 9. Aufl., Berlin/Heidelberg: Springer.

P&G – Procter & Gamble (o. J.): Connect + develop. https://www.pgconnectdevelop.com/ (abgerufen am 06.06.2018).

Raab, W./Werner, N. (2009): Customer Relationship Management. Aufbau dauerhafter und profitabler Kundenbeziehungen. Frankfurt a. M.: dfv Mediengruppe.

Reichwald, R./Piller, F. (2006): Interaktive Wertschöpfung. Open Innovation, Individualisierung und neue Formen der Arbeitsteilung. Wiesbaden: Gabler.

Reinecke, S./Janz, S. (2007): Marketingcontrolling: Sicherstellen von Marketingeffektivität und -effizienz. Stuttgart: Kohlhammer.

Reisinger, S./Gattringer, R./Strehl, F. (2017): Strategisches Management. Grundlagen für Studium und Praxis. 2. Aufl., Hallbergmoos: Pearson Studium.

Roemer, E. (2014): Internationales Marketing Management. Stuttgart: Schäffer-Poeschel.

Schallmo, D. (2013): Geschäftsmodelle erfolgreich entwickeln und implementieren. Wiesbaden: Springer Gabler.

Schallmo D./Brecht, L. (2011): An innovative business model: the sustainability provider. Proceedings of the XXII ISPIM Conference: »Sustainability in Innovation: Innovation Management Challenges«, 12.-15. Juni 2011 in Hamburg.

Scharf, A./Schubert, B./Hehn, P. (2015): Marketing. Einführung in Theorie und Praxis. 6. Aufl., Stuttgart: Schäffer-Poeschel.

Schawel, C./Billing, F. (2018): Top 100 Management Tools. 6. Aufl., Wiesbaden: Springer Gabler.

Schögel, M./Sauer, A./Schmidt, I. (2004a): Multichannel-Management – Vielfalt in der Distribution. In: Merx, O./

Bachem, C. (Hrsg.); Multichannel-Marketing-Handbuch. Berlin/Heidelberg: Springer, S. 1–27.

Schögel, M./Schmidt, I./Sauer, A. (2004b): Multi-Channel Management im CRM – Prozessorientierung als zentrale Herausforderung. In: Hippner, H./Wilde, K. D. (Hrsg.): Management von CRM-Projekten: Handlungsempfehlungen und Branchenkonzepte. Wiesbaden: Gabler, S. 105–134.

Schütte, R./Kenning, P./Hügens, T. (2004): Konzeption einer Relationship Management Balanced Scorecard für das Beziehungsmanagement in Dienstleistungsnetzwerken. In: Ahlert, D./Zelewski, S. (Hrsg.): MOTIWIDI-Projektbericht Nr. 20 (Motivationseffizienz in wissensintensiven Dienstleistungsnetzwerken). Essen/Münster.

Schwill, J. (2003): Personalorientiertes internes Marketing als Instrument zur Gestaltung der Servicequalität. In: Kamenz, U. (Hrsg.): Applied Marketing. Anwendungsorientierte Marketingwissenschaft der deutschen Fachhochschulen. Berlin/Heidelberg: Springer, S. 779–792.

Schwill, J. (2009a): Customer Relationship Management (CRM). Schriftlicher Lehrgang Vertriebsmanagement. In 9 Lektionen zum Zertifikat, Lektion 3. Freiburg/Breisgau: Haufe Akademie.

Schwill, J. (2009b): Produkt- und Programmpolitik. Schriftlicher Lehrgang Marketing. In 8 Lektionen zum Zertifikat, Freiburg/Breisgau: Haufe Akademie.

Schwill, J. (2010): Internationales Innovationsmanagement – Trends in Wissensgenerierung und Ansätze zur Ausschöpfung von Innovationspotenzialen. In: Baaken, T./Höft, U./Kesting, T. (Hrsg.): Marketing für Innovationen. Wie innovative Unternehmen die Bedürfnisse ihrer Kunden erfüllen. Lichtenberg (Odw.): Harland Media, S. 13–34.

Schwill, J. (2013a): Dienstleistungsmarketing. In: Pepels, W. (Hrsg.): Marketing im Nebenfach. Berlin: BWV, S. 215–232.

Schwill, J. (2013b): Charakteristika und Maßnahmen des Dienstleistungsrelaunch. In: Pepels, W. (Hrsg.): Praxishandbuch Relaunch. Potenziale vorhandener Marken richtig ausschöpfen. Düsseldorf: Symposion, S. 251–283.

Schwill, J./Brandt, S. (2013): Cause related Marketing als Instrument ethischer Unternehmensführung im Mittelstand. In: Hofbauer, G./Pattloch, A./Stumpf, M. (Hrsg.): Marketing in Forschung und Praxis. Jubiläumsausgabe zum 40-jährigen Bestehen der Arbeitsgemeinschaft für Marketing. Berlin: Uni-Edition, S. 1103–1124.

Sieck, H./Goldmann, A. (2007): Erfolgreich verkaufen im B2B. Wie Sie Kunden analysieren, Geschäftspotenziale entdecken und Aufträge sichern. Wiesbaden: Gabler.

Simon, H./Fassnacht, M. (2009): Preismanagement: Strategie – Analyse – Entscheidung – Umsetzung. 3. Aufl., Wiesbaden: Gabler.

Simon, H./Fassnacht, M. (2016): Preismanagement: Strategie – Analyse – Entscheidung – Umsetzung. 4. Aufl., Wiesbaden: Springer Gabler.

Sinus Markt- und Sozialforschung GmbH (Hrsg.) (o. J.): Sinus-Lösungen. https://www.sinus-institut.de/sinus-loesungen/ (abgerufen am 17.07.2018).

Spiller, A./Zühlsdorf, A./Schaltegger, S./Petersen, H. (2007): Nachhaltigkeitsmarketing II – Gestaltung & Einsatz der

Marketing-Instrumente. Lüneburg: Centre for Sustainability Management.

Standop, D./Grunwald, G. (2008): Die Bedeutung von Kaufgewährleistungsansprüchen für das Reklamationsverhalten von Konsumenten und die Reputation des Produzenten: Verhaltenspsychologische Erklärungsansätze und empirische Befunde. In: Beiträge des Fachbereichs Wirtschaftswissenschaften der Universität Osnabrück 2008/04.

Standop, D./Grunwald, G. (2009): Impacts of warranty claims on consumers' complaint behaviour and producer's reputation: a behavioural psychology analysis and empirical findings. In: Ebers, M./Janssen, A./Meyer, O. (Hrsg.): European perspectives on producers' liability – direct producers' liability for non-conformity and the sellers' right of redress. München: Sellier European Law Publishers, S. 105–124.

Starbucks (o. J.): What's your Starbucks idea? https://ideas.starbucks.com/ (abgerufen am 06.06.2018).

Tchibo (o. J.): Community – Herzlich Willkommen! https://community.tchibo.de/de-DE/start (abgerufen am 06.06.2018).

Urheberrecht.de (2018): Product Placement: Welche Bedeutung haben Produktplatzierungen für Influencer? https://www.urheberrecht.de/product-placement/ (abgerufen am 10.06.2018).

Voeth, M./Herbst, U. (2013): Marketing-Management: Grundlagen, Konzeption und Umsetzung. Stuttgart: Schäffer-Poeschel.

Walsh, G./Deseniss, A./Kilian, T. (2013): Marketing. Eine Einführung auf der Grundlage von Case Studies. 2. Aufl., Wiesbaden: Springer Gabler.

Weber, J./Schäffer, U. (2016): Einführung in das Controlling. 15. Aufl., Stuttgart: Schäffer-Poeschel.

Weis, H. C. (2015): Marketing. 17. Aufl., Herne: NWB.

Winkelmann, P. (2012): Vertriebskonzeption und Vertriebssteuerung. Die Instrumente des integrierten Kundenmanagements (CRM). München: Vahlen.

Wissensportal für Marketing & Trendinformationen (o. J.): Checkliste zur integrierten Kommunikation. http://100.cdn.ekalog.de/pdf/checkliste-integrierte-kommunikation.pdf (abgerufen am 12.06.2018).

wwrpublishingde (2011): Schlagwort-Archive: Guerilla Marketing. https://wwrpublishingde.wordpress.com/tag/guerilla-marketing/ (abgerufen am 10.06.2018).

Zanger, C. (2007): Leistungskern. In: Albers, S./Hermann, A. (Hrsg.): Handbuch Produktmanagement. 3. Aufl., Wiesbaden: Gabler, S. 99–115.

Stichwortverzeichnis

ABC-Analyse   188
Absatzkanal-Portfolio   128
Absatzkanalsystem   119
– Breite   123
– Länge   123
– Tiefe   125
Absatzlogistik   139, 140, 145
Absatzlogistiksystem   119, 120, 144, 145
Ansoff-Matrix   50

Balanced Scorecard   187
Benchmarking   35, 187
Beziehungsmarketing   4, 5
Beziehungsmarketing-Balanced-Scorecard   190

Carry-over-Effekt   174, 204
Cause-related Marketing   171
Copy-Strategie   151
Customer Lifetime Value   188

Direct Marketing   162, 163
Diskontpreisstrategie   108
Distributionspolitik   119, 120, 128
Diversifikation   50, 101
Durchführungskontrolle   186

Effektivität   177, 185, 186
Effizienz   177, 185, 186
EPRG-Modell   69

Erfolgskette der Kundenorientierung   8, 42
erweitertes Produkt   79, 80, 84
Event-Marketing   171

FAB-Konzept   169
formales Produkt   80, 84

Hybrid-Strategie   56

Ideenbewertungsmatrix   96
Innovationsprozess
– Integration von Kunden   93
integrierte Kommunikation   174
Interdependenzeffekt   204
Intermediaselektion   151
Intramediaselektion   151

Kaufentscheidungsprozess   26, 29, 30, 84, 122, 128, 131
Käuferanalyse   26
Käufermarkt   1
Kennzahlensysteme   187
Kommunikationsbotschaft   146, 155, 174
Kommunikationsbudget   151, 186
Kommunikationsfunktionen   147
Kommunikationsinstrumente   147, 149, 155, 160
Kommunikationsplanung   147, 149, 160
Kommunikationspolitik   146, 149, 176

Kommunikationsstrategie   149, 151
Kommunikationswirkungen   147, 155, 158
Kommunikationsziele   149, 151, 153, 160
Konzeptionspyramide des Marketing   41
Kundenintegration   118
Kundenorientierung   8, 10, 11
Kundenrückgewinnungsstrategie   16
Kundenzufriedenheit   8, 41, 84, 122

Lagerhaltung   139
Lasswell-Formel   146
Lead   32
Lead User   93
Lead-User-Methode   93

Managementprozess des Marketings   16
Marketingmix   177, 178, 182
Marketing-Performance   185, 186
marketingstrategische Optionen   44
Marketingziele   41, 42, 186
Markierung   82, 83
Markierungsdimensionen   83
Marktanalyse   23, 32
Marktarealstrategien   63, 76
Marktfeldstrategien   50
Marktsegmentierungskriterien   56
Marktstimulierungsstrategien   52, 53
McGuire-Matrix   155
Mehrkanalvertrieb   120, 122, 127, 128, 139
Messen und Ausstellungen   168, 170

mobile Kommunikation 165
modernes Marketing
– Merkmale 4, 5
Multi-Channel-Marketing 120, 122, 127

Neuproduktplanungsprozess 89

Öffentlichkeitsarbeit 171
Online-Kommunikation 164

Penetrationsstrategie 108
persönliche Kommunikation 168, 169
PESTEL-Analyse 20, 22
PESTEL-Portfolio 22
Positionierungsstrategie 44, 45, 49, 190
Prämissenkontrolle 185
Präferenz-Strategie 53
Preis-Absatz-Funktion 112, 113, 115, 119
Preisbündelung 107, 115
Preisdifferenzierung 108, 115
Preisfestlegung 118
– kostenorientierte 108, 110
– nachfragerorientierte 111
– nutzenorientierte 116
– wettbewerberorientierte 111, 117, 118
Preis-Mengen-Strategie 53
Preispolitik 107, 108, 137
Premiumpreisstrategie 108
Product Placement 163
Produktdifferenzierung 99, 100, 101

Produktelimination 99
Produktideen 95, 96
Produktinnovation 89
Produktkern 80, 81, 87, 99
Produktlebenszyklus 88, 178
Produktlinienerweiterung 105, 106
Produktmarktraum 190
Produktpolitik 79, 87, 145
Produktvariation 99, 100, 105
»Produktwürfel« 79
»Produktzwiebel« 79
Programmbereinigung 105
Programmbreite 101, 105
Programmpolitik 79, 106
Programmtiefe 101, 105
Public Relations *siehe* Öffentlichkeitsarbeit
Punktbewertungsverfahren 63

Redistribution 140
Relationship Marketing *siehe* Beziehungsmarketing
relevanter Markt 23
Ressourcenprofil 35

Sales-Funnel-Analyse 131
Scoring-Verfahren 63, 96
Serviceleistungen 60, 99
SERVQUAL-Ansatz 188
Situationsanalyse 16, 149, 160
Skimming-Strategie 108

SMART-Methode 149
Spill-over-Effekt 204
Sponsoring 171
Sprinklerstrategie 73
Strategiebildung 19
strategische Überwachung 186
SWOT-Analyse 39, 149

Timing-Strategien 72, 73

Umweltanalyse 19, 23
Unternehmensanalyse 35, 39

Verkäufermarkt 1
Verkaufsförderung 29, 168
Verkaufstrichter-Analyse *siehe* Sales-Funnel-Analyse
Verpackungsfunktionen 84
Vertrieb
– direkter 122, 123
– indirekter 121, 123
VRINO-Analyse 35

Wasserfallstrategie 72
Werbemittel 161
Werbeträger 161
Werbung 2, 30, 161
Wettbewerberanalyse 32

Zieldimensionen 42

Autoren

Prof. Dr. rer. pol. Guido Grunwald ist Inhaber der Professur für Betriebswirtschaftslehre, insbesondere Marketing und Marktforschung, am Institut für Duale Studiengänge der Fakultät Management, Kultur und Technik an der Hochschule Osnabrück – Campus Lingen/Ems.

Prof. Dr. rer. pol. Jürgen Schwill ist Inhaber der Professur für Allgemeine Betriebswirtschaftslehre, insbesondere Internationales Management und Marketing, im Fachbereich Wirtschaft der Technischen Hochschule Brandenburg in Brandenburg an der Havel.

Ihr Feedback ist uns wichtig!
Bitte nehmen Sie sich eine Minute Zeit

www.schaeffer-poeschel.de/feedback-buch